U0194719

Python 青少年趣味编程

千锋教育　编著

· 北京 ·

内容提要

这是一本针对零基础编程读者的学习入门书籍，也是一本写给家长朋友以期转变教育观念的书籍。本书使用全新项目式教学设计思维，用通俗易懂的语言将生活中的趣事和知识点巧妙地结合，为读者提供沉浸式阅读体验。

全书共 9 章，53 节课，通过 53 个与生活贴近的趣味案例带领孩子们掌握顺序结构、选择结构、循环结构的基本知识，并在此基础上开始认识字符串，进入精彩的函数世界，了解列表、元组和字典的独特数据结构，见识模块的便捷与强大，轻轻松松玩转 Python 趣味编程。

本书内容浅显易懂，案例典型实用，非常适合中小学生阅读，也可作为少儿编程培训机构和兴趣班的教材。

图书在版编目（CIP）数据

Python青少年趣味编程 / 千锋教育编著. -- 北京 : 中国水利水电出版社, 2021.5
ISBN 978-7-5170-9568-2

Ⅰ. ①P… Ⅱ. ①千… Ⅲ. ①软件工具－程序设计－青少年读物 Ⅳ. ①TP311.561-49

中国版本图书馆CIP数据核字(2021)第080799号

策划编辑：石永峰　　责任编辑：石永峰　　装帧设计：梁　燕

书　　名	Python 青少年趣味编程 Python QINGSHAONIAN QUWEI BIANCHENG
作　　者	千锋教育　编著
出版发行	中国水利水电出版社 （北京市海淀区玉渊潭南路 1 号 D 座　100038） 网　址：www.waterpub.com.cn E-mail：mchannel@263.net（万水） sales@waterpub.com.cn 电　话：（010）68367658（营销中心）、82562819（万水）
经　　售	全国各地新华书店和相关出版物销售网点
排　　版	北京万水电子信息有限公司
印　　刷	雅迪云印（天津）科技有限公司
规　　格	210mm×230mm　20 开本　$13\frac{12}{20}$印张　248 千字
版　　次	2021 年 5 月第 1 版　2021 年 5 月第 1 次印刷
印　　数	0001—3000 册
定　　价	86.00 元

编委会

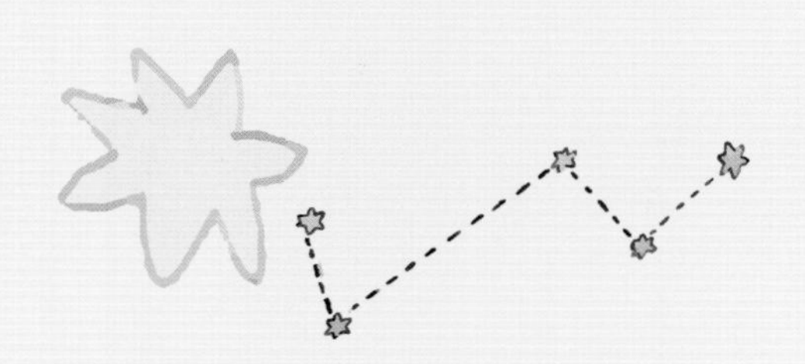

前言

很多人知道编程却不了解编程，如今又出现了少儿编程，因此误以为少儿编程和编程一样，都是在学技术。其实少儿编程与传统意义上的编程有着很大的差别，少儿编程注重的是对孩子能力的培养，其核心理念是培养孩子解决问题的思维模式和逻辑分析等综合能力。少儿编程教育并非像高等教育那样教学生如何去编写代码、如何去编制应用程序，而是通过一些有趣的编程游戏启蒙、可视化图形编程等课程来培养青少年的计算思维和创新思维。

目前在国家大力推动青少年素质教育发展的前提下，编程教育开始逐渐普及，出现了义务教育阶段的教材，很多家长也开始意识到少儿编程教育对孩子未来成长的重要性，想要让孩子接触编程教育，但是目前市面上编程课程种类繁多、五花八门，侧重方向各不相同，难易程度差别巨大，更没有一个系统的学习方式，该如何选择适合孩子学习的编程语言已经成为许多家长心中的一个难题。

本书致力于解决这方面的问题，主要有以下几个特点：

1 案例丰富

本书每一节课都有一个与之相对应的贴近生活的趣味案例，每个案例中的问题都有详细的分析和指导，降低了学习难度，使读者更容易理解所学知识。

2 图文并茂

本书风格活泼有趣，每一节课都有相应的趣味配图来帮助读者想象和理解，程序的讲解采用更加清晰美观的解释方式，具体操作步骤图文并茂，极大地激发了读者的阅读兴趣。

③ 科学的学习方法

本书每一节课的内容都按照最新的项目式教学思维来进行编排，从发现问题到解决问题每一步都恰到好处地引导读者自己去思考，去解决，让读者有一个更好的学习体验。

④ 完整的知识结构

本书由易到难，由基础到深入，每一个章节的安排都经过深思熟虑，整个体系一目了然、清晰完整。

⑤ 易于普及

本书所讲内容，只要下载了最新版 Python 即可学习，无需费力下载其他软件，简单易上手，更易于在初学者中进行普及。

⑥ 资源丰富

本书配备了所有案例的素材和源文件，提供了相应的微课，从数量到内容都可以让读者作出最适合自己的选择。

由于编者水平有限，书中纰漏在所难免，敬请读者批评指正，编者邮箱：2402267708@qq.com。

编者

2021 年 1 月

目录

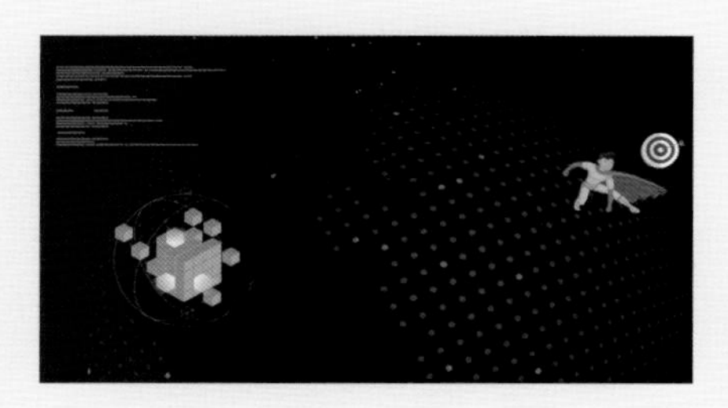

1 推开人工智能的大门

人工智能时代的大门已经出现，人们纷纷在寻找进入这个大门的钥匙，可是这个钥匙到底是什么呢？让小千来悄悄地告诉你。看！这里就有一把叫做 Python 的钥匙，听说用它就能打开人工智能时代的大门哦！现在小千就把这把钥匙交给你了！不过先别急着去“开门”，有几个和钥匙相关的重要资料需要你认真阅读了解，才能正确地使用这把钥匙。下面我们一起来揭秘这几个神秘的资料吧！

神秘资料 1

——编程与少儿编程

编程其实就是编写程序的简称，通过编写程序让计算机替代人类去解决某些问题。而为了使计算机能够理解人的意图，人类就必须将需要解决的问题的思路、方法和手段通过计算机可以理解的方式告诉计算机，使得计算机能够听从人的指令去工作，从而完成特定的任务。

少儿编程则是针对 6~18 岁的青少年开展的一种新的教育模式，其通过编程游戏启蒙、可视化图形编程等课程培养学生的计算思维和创新解难能力。现在最常见的授课形式有两种：线上和线下。根据先易后难的进阶规律，少儿编程的教学内容大致分为两类：一类是 Scratch 或仿 Scratch 的图形化编程教学，以培养兴趣、锻炼思维为主，趣味性较强；另一类是基于 Python、C++ 等高级编程语言的计算机编程教学，目标往往是参加信息学奥赛等科技品牌赛事，在培养思维能力的同时为后续的专业学习和职业技能打下基础。

神秘资料 2

——为什么选择 Python

近年来人工智能的应用已经成为未来各行业发展的一个必然趋势，很多家长开始意识到少儿编程教育对孩子未来成长的重要性，于是开始让自己的孩子选择一门编程语言来学习。目前，市面上编程课程种类繁多、五花八门，该如何选择适合孩子学习的编程语言已经成为许多家长心中的一个难题。综合孩子的学习水平、接受程度、个人发展以及近几年少儿编程行业的发展经验来看，目前 Python 可能更适合作为青少年学习编程的首选语言。

当然，每门编程语言都有自己的优点，掌握任何一门都将受益匪浅，所以先撇开每种编程语言的特点来思考：“当孩子在学习编程的时候，他们需要得到什么？”对于青少年而言，下面几点非常重要。

恰到好处的初次体验

我们都知道青少年容易被游戏吸引，可为什么与游戏短短的接触就会让他们沉迷其中呢？那是因为游戏中无处不在的趣味性和挑战性不断激发青少年的探索热情，而最重要的是这些挑战性的设计既不深奥也不枯燥，大部分人在稍作了解后便可以轻松踏出第一步。从编程传统来说，青少年编写的第一个程序就是输出“hello world”的指令，在所有实现“hello world”程序指令的语言中，Python 无疑是最简单快捷的，比如在 IDLE 中只需要简单地输入以下内容，按回车键即可实现，简单易读的特性会让青少年更有信心，继而热情地学下去。

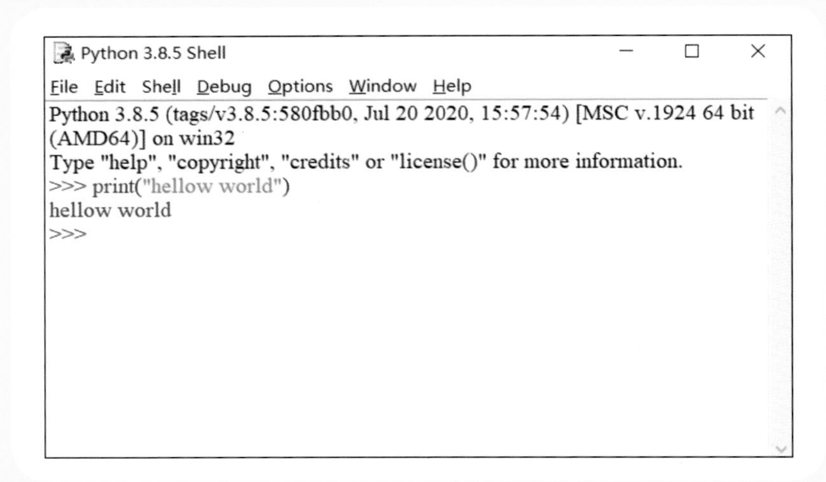

技能的成长性

不同于 Scratch 和 Logo 语言，Python 在专业领域中有更广泛的用途，它不仅可以作为青少年学习编程的起点，而且能伴随青少年在编程方向上进行发展。

熟悉 Python 的人都知道，即使不学习新的编程语言也可以实现探索函数式编程的范例。Python 的底层语言与 C 语言紧密融合，深入地学习 Python 也会有助于平滑过渡到其他编程语言的学习。

活跃的社区

不同于其他的编程技术社区，Python 社区一直非常受欢迎，因为这是孩子们在课堂之外学习 Python 的重要场所，比如中国少儿编程网，孩子们在里面互相交流，共享信息，解决在学习中遇到的各种问题，孩子们经常会得到别人的帮助，同时也会很热心地帮助他人，这样就形成了一个良好的社区氛围，很大程度上提升了孩子们学习编程的热情，激发了动力。

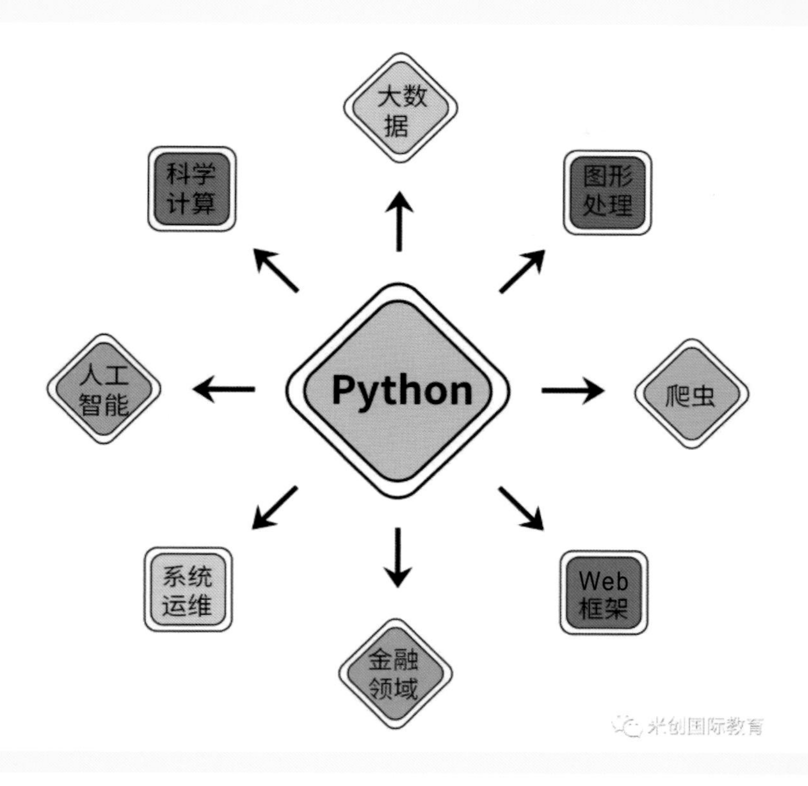

中国少儿编程网

首页 科技 SCRATCH SCRATCH视频教程 LOGO ROBOLAB PYTHON JAVASCRIPT KODU SCRATCHJR 小小程序员 编程大作战

分类：python教程

这是一个面向少儿的教程，不过只要想学些编程，任何人都可以。本教程不要求你之前对编程有任何了解，不过最起码你要知道怎么使用计算机。只要能在电脑上做一些基本的事情，比如启动一个程序，打开和保存文件，那么学习该教程就绝对没有问题。

怎么用手机编写Python

7.89万 1 55 [置顶]

有时候，就是不想正襟危坐的坐在电脑前面，想要在手机上轻量级的写点代码。或者用 iPad 外接一个键盘...

阅读全文

中国少儿编程网 于 2018-10-18 17:36 python编程

我为编程点盏灯公益活动

社区

QQ学习群：421293755 754613690

QQ行业群：202818485 434219048

微信公众号：kidscode_cn，二维码

会员中心 进入

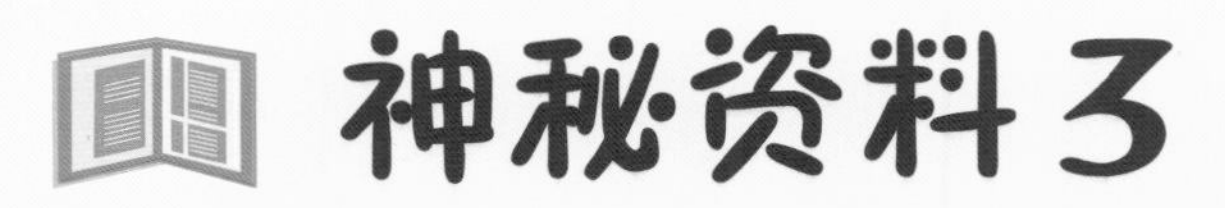

神秘资料 3
——Python 的下载和安装

万事俱备，只欠“Python”！要学习 Python，自然先要把 Python 安装到计算机中。俗话说磨刀不误砍柴工，把 Python 正确安装在计算机中才能不影响学习和使用。下面就按照书中的步骤来一步步完成安装吧！

了解操作系统信息

Python 的安装包按照适用的操作系统分为多种类型，因此在下载 Python 之前要先清楚自己计算机上运行的操作系统是哪种类型，然后再下载对应的安装包。以 Windows 操作系统为例，右击桌面上的“我的电脑”图标，在弹出的快捷菜单中选择“属性”命令，可以看到“系统”窗口。

在其中可以看到当前的操作系统是 Windows 10，“系统类型”为 64 位操作系统。

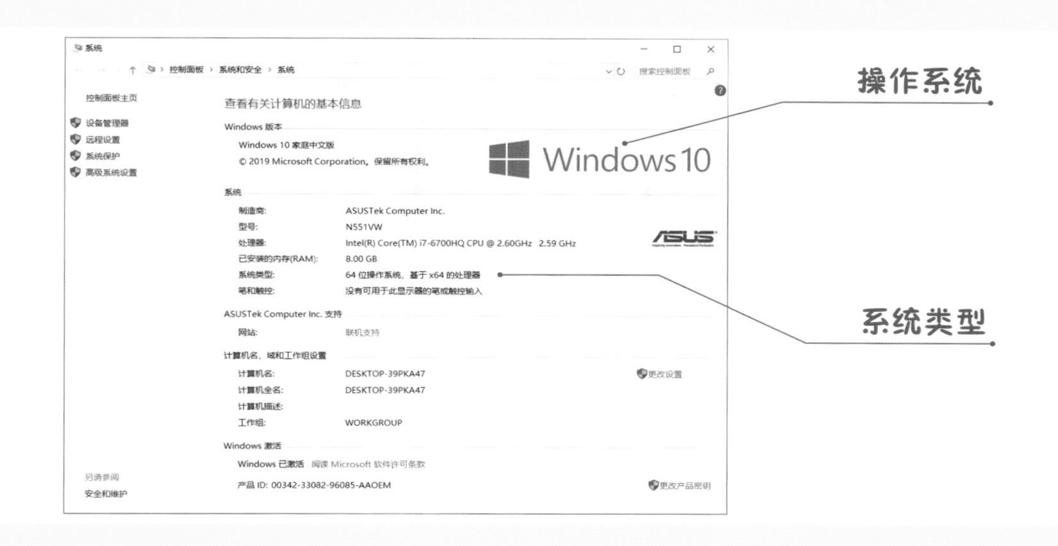

下载安装包

打开浏览器，在地址栏中输入网址 https://www.python.org，按回车键进入 Python 的官网。

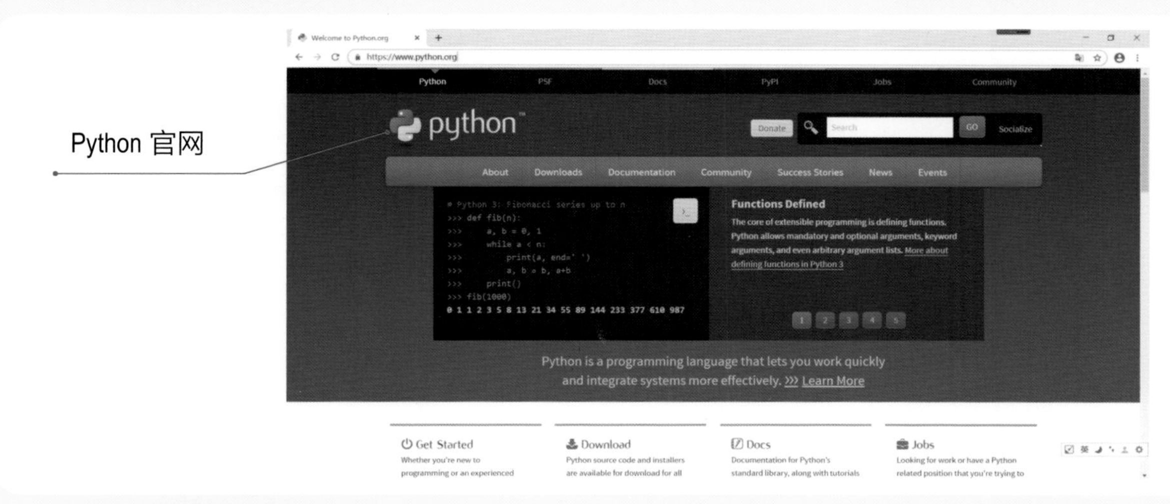

然后单击 Downloads 按钮，在展开的列表中可以看到多个系统类型，此处选择 Windows。

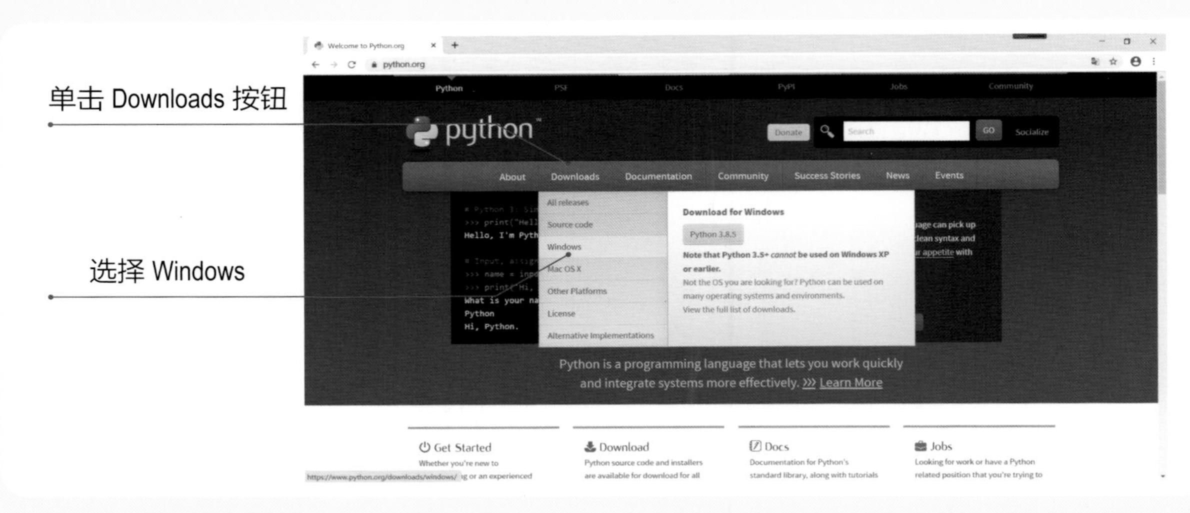

进入下载安装包页面，可以看到 Python 的两个安装版本以及每个版本的多个安装包。此处以 Python 3.8.5 版本为例介绍下载 Python 安装包的方法。通过第一步的操作可以知道这台计算机的操作系统是 64 位的 Windows，所以在该版本下点击 Download Windows x84-64 executable installer 链接；如果操作系统是 32 位的 Windows，则点击 Download Windows x84 executable installer 链接，点击链接后即可下载。

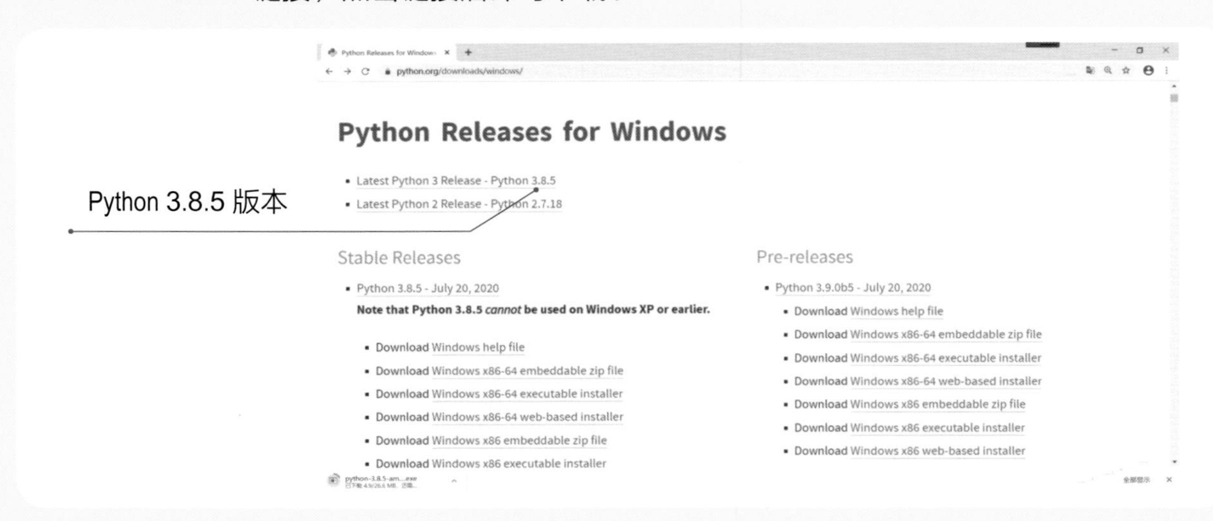

安装 Python

完成 Python 安装包的下载后，双击下载的安装包，按照图示的步骤完成安装。

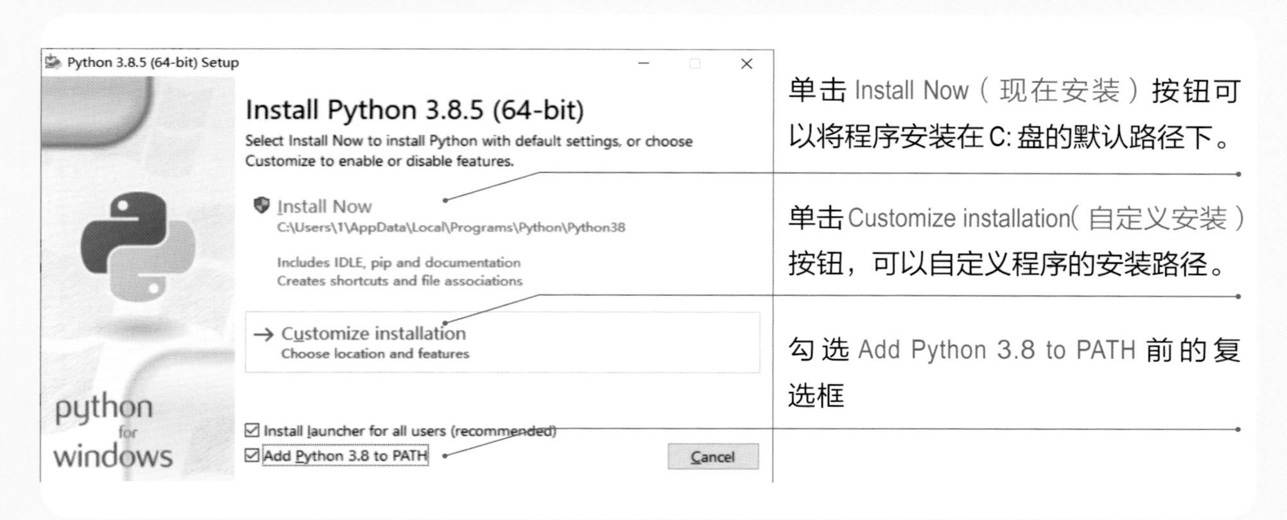

单击 Install Now（现在安装）按钮可以将程序安装在 C: 盘的默认路径下。

单击 Customize installation(自定义安装）按钮，可以自定义程序的安装路径。

勾选 Add Python 3.8 to PATH 前的复选框

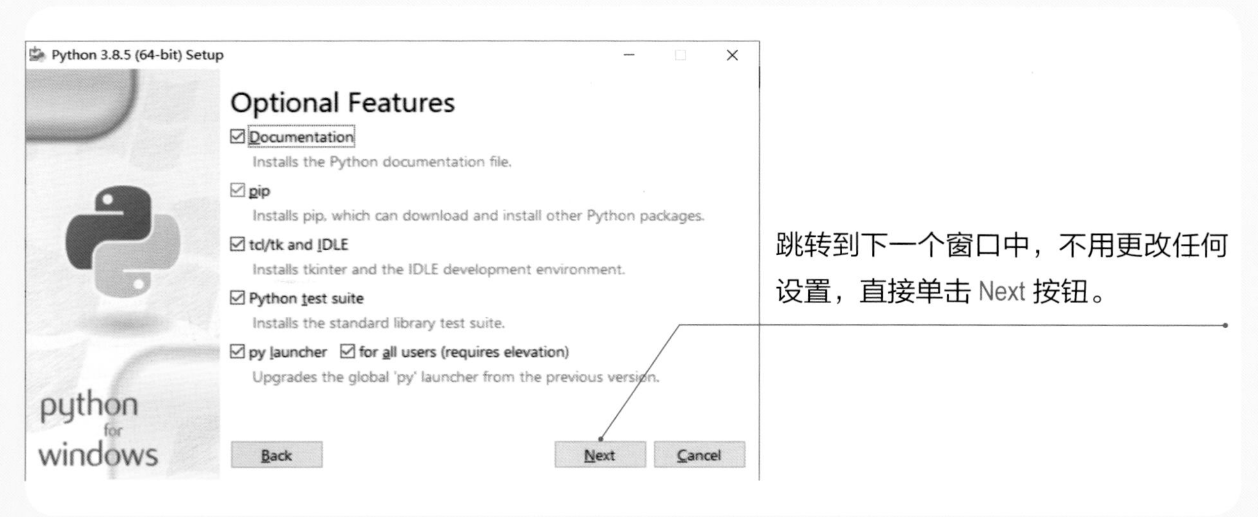

跳转到下一个窗口中，不用更改任何设置，直接单击 Next 按钮。

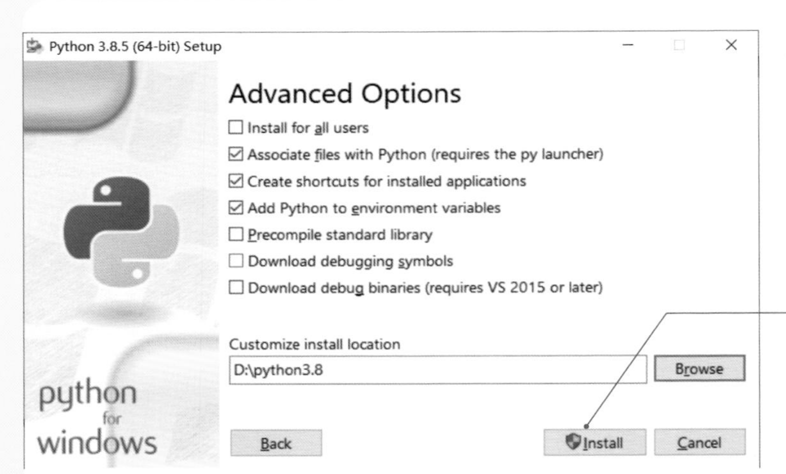

跳转到另一个界面，可以单击Browse（浏览）按钮，在弹出的对话框中设置自定义安装路径，也可以直接在文本框中输入自定义安装路径。设置好后，单击Install（安装）按钮。

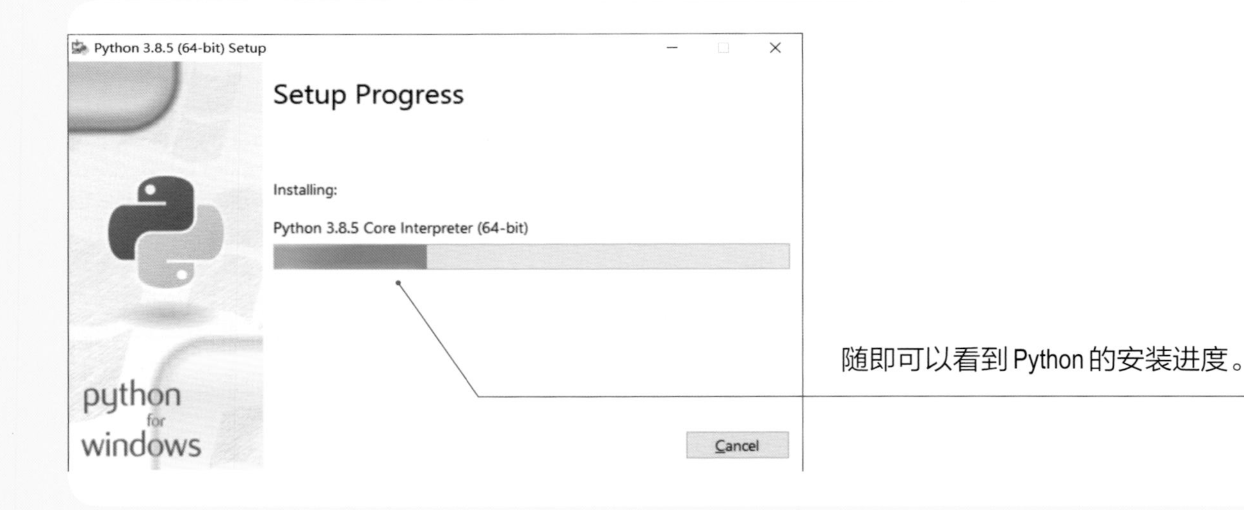

随即可以看到Python的安装进度。

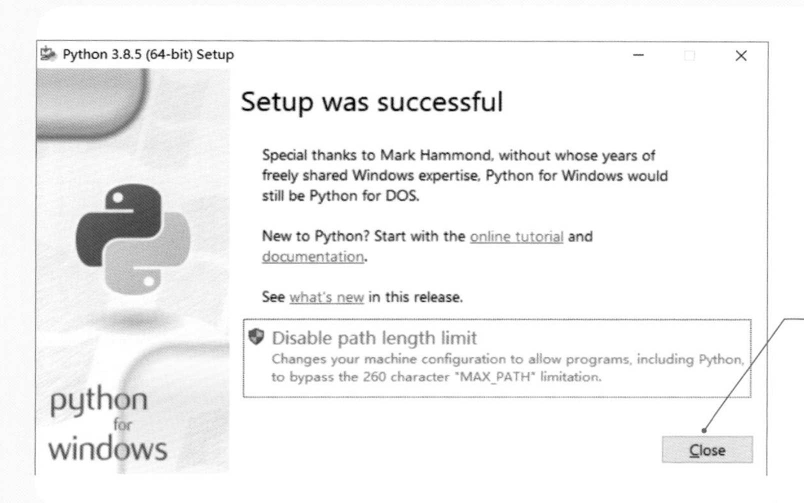

等待一段时间后，如果窗口出现 Setup was successful 的提示文字，则表明 Python 已经安装成功，此时直接单击 Close（关闭）按钮关闭窗口即可。

测试安装结果

安装完成后，需要测试安装的 Python 是否可用。打开控制台（按 Window +R 组合键打开“运行”对话框，在“打开”文本框中输入 cmd 并单击“确定”按钮）。

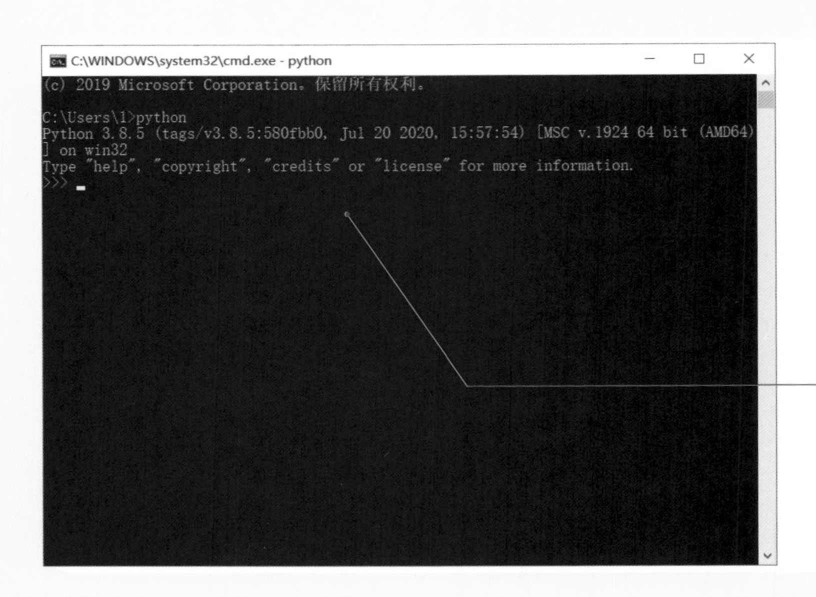

在弹出窗口的命令行中输入 python，按回车键将会显示 Python 的版本号，此时证明 Python 已经安装成功并可正常使用。

生成 IDLE 的快捷方式

Python 安装成功后不会自动生成桌面快捷方式，为了能快速启动 Python 的集成开发环境进行编程，可以通过图示方法在桌面上生成集成开发环境（IDLE）的快捷方式。

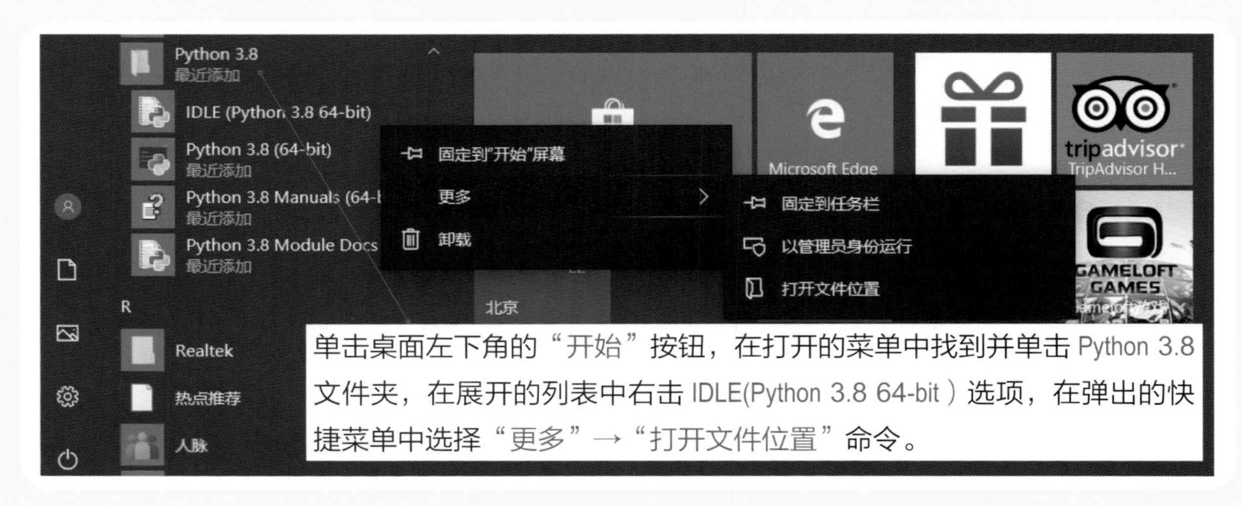

单击桌面左下角的“开始”按钮，在打开的菜单中找到并单击 Python 3.8 文件夹，在展开的列表中右击 IDLE(Python 3.8 64-bit）选项，在弹出的快捷菜单中选择“更多”→“打开文件位置”命令。

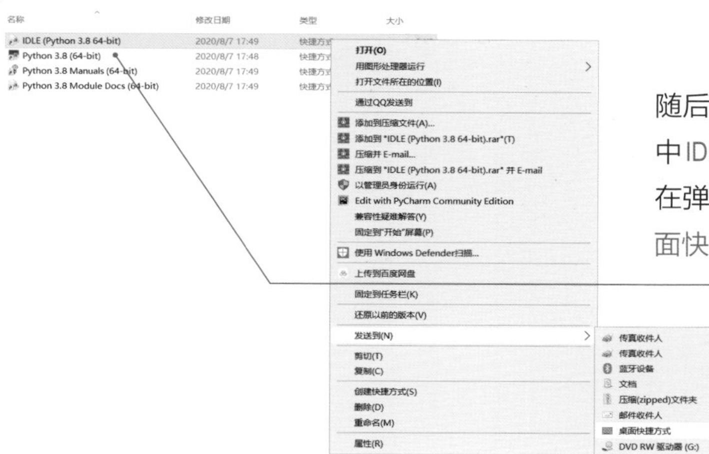

随后会打开一个文件资源管理器窗口，选中 IDLE(Python 3.8 64-bit) 快捷方式并右击，在弹出的快捷菜单中选择“发送到”→“桌面快捷方式”命令。

随后即可在桌面上看到 IDLE 的快捷方式。

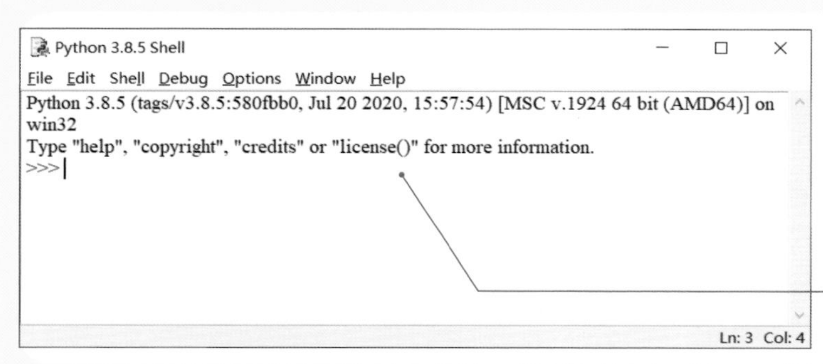

双击该快捷方式即可打开编程窗口。

2
编程基础要牢固

万丈高楼平地起，做任何事情都要从基础做起，学习编程也不例外，我们先从 Python 语言的基础知识开始学习吧！

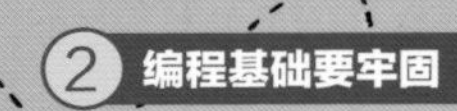

第 1 课

巧记圆周率

每课一问？

这个顺口溜是不是很有趣？如果把它告诉 Python，那么 Python 会看得懂吗？

很久以前，有位教书先生，整日里不务正业，就喜欢到山上找寺里的和尚喝酒。他每次临行前留给学生的作业都一样：背诵圆周率。开始的时候，每个学生都苦不堪言。后来，有一位聪明的学生灵机一动，想出妙法，把圆周率的内容与眼前的情景（老师上山喝酒）联系起来，编了一段顺口溜：“山巅一寺一壶酒（3.14159），尔乐苦煞吾（26535），把酒吃（897），酒杀尔（932），杀不死（384），乐尔乐（626）。”

明确目标 在集成开发环境（IDLE）中，输出巧记圆周率的顺口溜。

利用 Python 成功输出巧记圆周率的顺口溜要做到两点：第一点，下达的命令要准确；第二点，代码格式要规范。

编程实现

```
1 print("山巅一寺一壶酒，尔乐苦煞吾，把酒吃，酒杀尔，杀不死，乐尔乐。")
2
3
4
```

print表示输出的意思

前后引号不能忘

运行结果

山巅一寺一壶酒，尔乐苦煞吾，把酒吃，酒杀尔，杀不死，乐尔乐。

万能图书馆

答疑解惑

★ 上述代码中的一对双引号（" "）也可以用一对单引号（' '）代替。单引号和双引号只是用法不同，并没有本质区别。但是值得注意的是，单引号和双引号不可以混用，比如一对引号不能一半是单引号，一半是双引号。

知识充能

★ 简单来说，输出就是指让计算机将代码的运行结果显示出来。在 Python 中，最常用的输出指令是 print() 函数，它可以将指定的数据输出并显示在屏幕上。

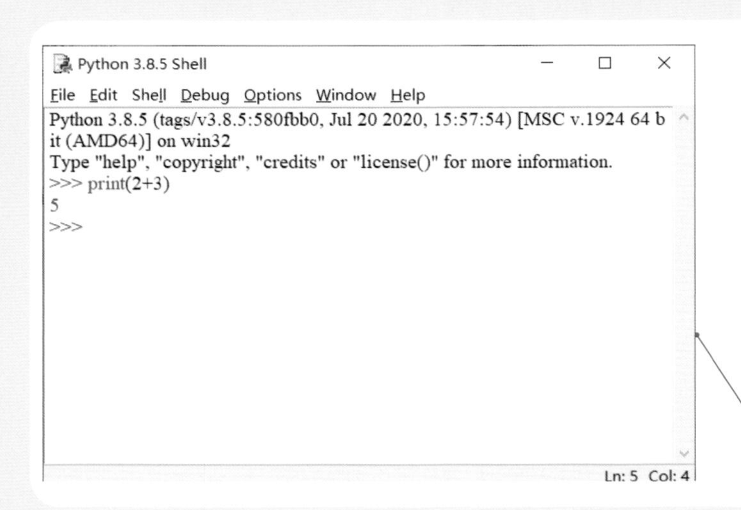

在 IDLE 窗口中，可以使用 print() 函数输出整数或算式的计算结果。

1. 阅读程序写结果

```
print(99+1)
print(100)
```

输出：__________________

____

2. 完善程序

编写程序，来个自我介绍吧！

print(" 大家好！ __________________ 。")

第2课 天安门广场

每课一问？

天安门广场的面积到底有多大呢?

扫码看视频

天安门广场是世界上最大的城市广场，可以容纳 100 万人举行盛大集会，小千站在教学楼前看了看学校的操场，学校的操场已经很大了，可以容纳上千人进行集体活动，但是和天安门广场比起来似乎差了很多，那么天安门广场到底有多大呢？老师告诉小千，天安门广场南北长 880 米，东西宽 500 米。

明确目标 编写程序，输入天安门广场的长和宽，能够计算出天安门广场的面积并输出。

天安门广场是个长方形，在已知长（a）和宽（b）的情况下，利用长方形的面积公式就可以很容易得到它的面积（s），长方形的面积公式为 S=a×b。

编程实现

```
1  a=int(input("请输入天安门广场的长："))
2  b=int(input("请输入天安门广场的宽："))
3  s=a*b
4  print(s)
5
6
7
```

将输入的数字用a表示

input表示输入的意思

计算面积

运行结果

```
请输入天安门广场的长：880
请输入天安门广场的宽：500
440000
```

万能图书馆

答疑解惑

数字只能和数字一起计算，代码中 int() 函数的功能是将输入的内容转化为数字类型。

当输入完一个内容，想要输入下一个内容时，只需要按回车键就可以了。

知识充能

input() 函数常用于接收用户通过键盘输入的信息，如果用户不输入，程序会一直等待下去。

Python 通过 input() 函数输入的数据类型是字符串类型，不能直接和数字进行计算。

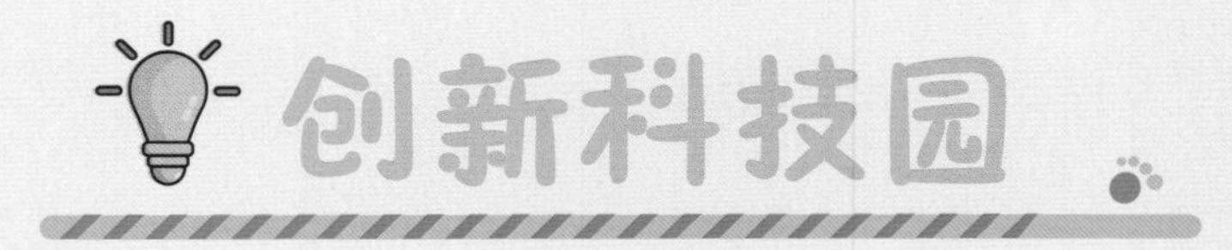

1. 阅读程序写结果

```
name = input(" 你的名字是：")
age = input(" 你的年龄是：")
print(name,age)
```

输出：________________

____

____

2. 完善程序

千锋学校的足球场长 120 米，宽 60 米，那么这个足球场的周长是多少？

```
a = int(input(" 足球场的长是："))
b = ________________
c = ________________
print (c)
```

第 3 课

地球的大小

你能用程序计算出地球的体积吗?

乒乓球很小，一只手就可以握住，篮球需要用两只手才能抱住，那地球到底有多大呢？如果把地球看作一个标准的球体，地球的半径约为6370km，球体的体积公式为$V=\frac{4}{3}\pi r^3$，我们试试用程序来求出地球的体积。

明确目标 编写程序，输入地球的半径，可以计算出地球的体积并输出。

已知球体的体积公式为$V=\frac{4}{3}\pi r^3$，其中 r 为球体半径，π 为圆周率。为了计算方便，通常把 π 当作一个大小为 3.14 的常数并用 PI 表示。所以在运行程序前，需要定义常量 PI=3.14 来表示圆周率π，这样就可以顺利地利用公式来对球体的体积进行计算。

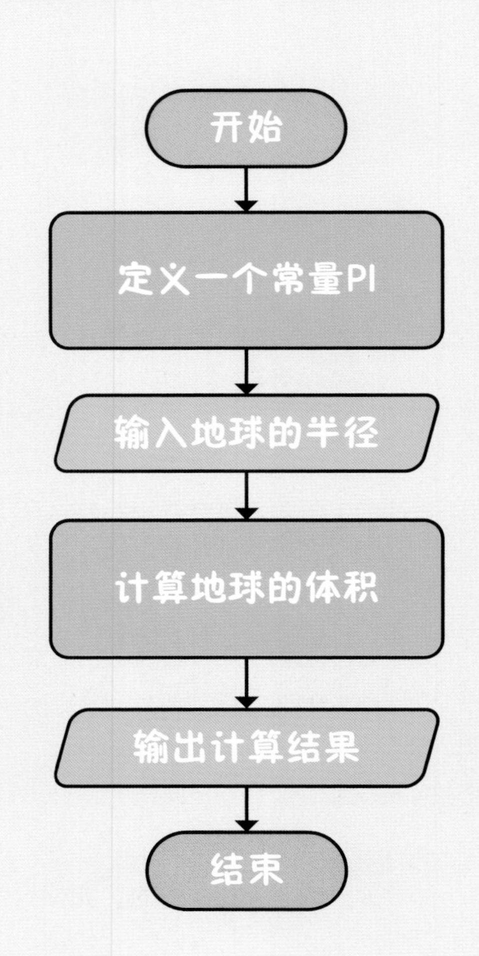

天才实验室

编程实现

```
1  PI = 3.14
2  r = int(input("输入地球的半径："))
3  v = (4/3)*PI * r * r * r
4  print("地球的体积是:",v)
5
6
7
```

定义常量PI

运行结果

输入地球的半径：6370
地球的体积是：1082148051226.6666

万能图书馆

答疑解惑

在 Python 中默认是没有常量的，如果要使用常量，就需要自己进行设定。简单来说就是给要用的常量取个名字。

没有专门定义常量的方式，不过通常都会使用大写变量名来表示，可以起到一种提示的作用。

知识充能

常量是指一旦确定后就不能修改的固定值，常量有两大优点：修改方便、可读性强。

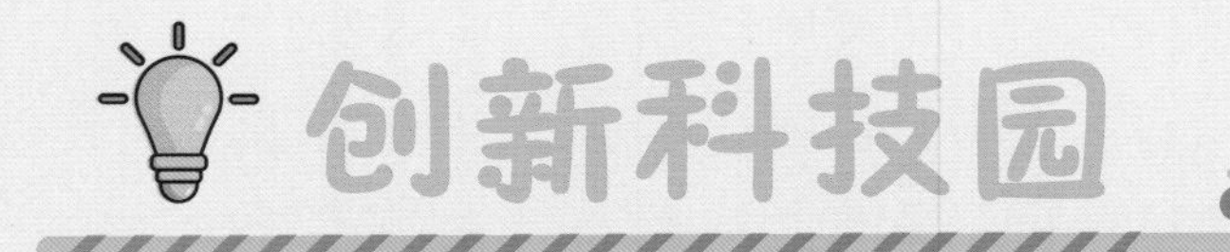

创新科技园

1. 下列程序的功能是什么？

```
PI = 3.14
r = float(input(" 输入圆的半径：")) 
c = 2*PI*r
print(c)
```

功能：____________________

2. 编写程序

编写一个程序，输入圆的半径，就可以得到该圆的面积。

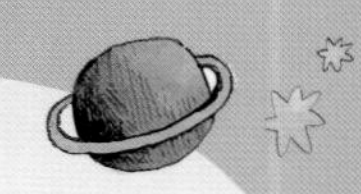

第 4 课

八戒摘水果

每课一问？

八戒最后摘的水果是什么？一共摘了多少水果呢？

师父让八戒去摘一些水果回来，八戒一路寻找，发现了一片果园，在得到果园主人的同意后，八戒进入果园开始摘水果。八戒喜欢吃西瓜，于是先抱了 2 个西瓜，想起来大师兄喜欢吃桃子，于是又摘了 3 个桃子，八戒发现前方的梨树上结的梨又大又黄，于是又摘了 4 个梨，最后高高兴兴地背着水果回去找师父了。

扫码看视频

明确目标 用程序显示八戒最后摘的水果的名称，并计算出八戒一共摘了多少水果。

在整个摘水果的过程中，水果的名称和水果的总数是变化的，因此可以把水果的名称和数量称为变量。

假如用 bj 表示水果的名称，i 表示八戒摘水果的数量，那么八戒第一次摘的水果数量为 i，第二次摘水果的数量为 i = i + “本次摘的水果数”。这样一直统计到最后一次就可以得到八戒一共摘的水果数量。

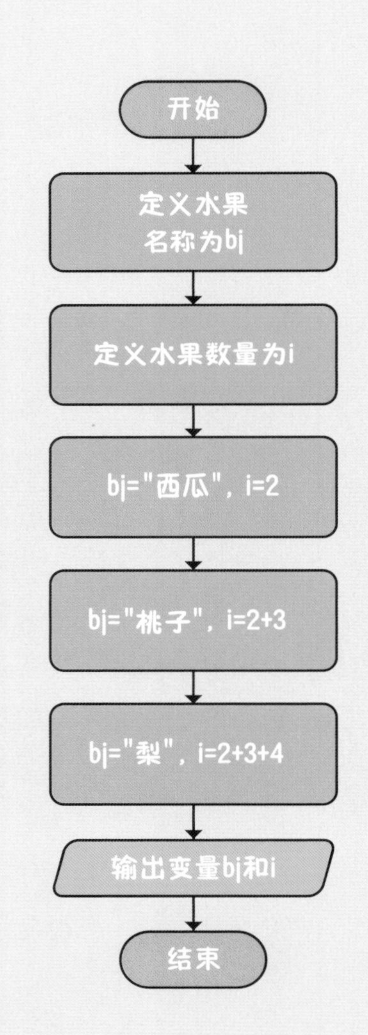

编程实现

```
1  bj = "西瓜"
2  i = 2
3  bj = "桃子"
4  i = i + 3
5  bj = "梨"
6  i = i + 4
7  print(bj,i)
8
9
10
```

定义水果名称为变量bj

定义水果数量为变量i

让i=2+3，此时左边i=5

运行结果

梨 9

万能图书馆

答疑解惑

在 Python 中，变量会随着程序的运行而发生变化，以八戒每次摘的水果数量为例可以看出，变量 bj 每次都会更换一个水果的名称，变量 i 随着摘的水果数量变化而变化。

摘的过程	摘的水果	摘的个数	摘前水果数量	摘后水果数量
西瓜	bj="西瓜"	2	i=0	i=2
桃子	bj="桃子"	3	i=2	i=5
梨	bj="梨"	4	i=5	i=9

知识充能

在 Python 中，良好的变量命名习惯可以让我们的代码更加清晰明了。下面是在对变量命名过程中需要注意的事项。

★ 变量的名字以包括数字、下划线、字母，但是需要注意的是，数字不能作为变量名的开头。例如，b123、b_121 是可以的，123b、121_b 则不能作为变量名。

★ 系统的关键字不能用。

例如，import、input 是不能作为变量名的。

★ 在 Python 中，变量名是区分大小写的。

例如，A1 和 a1 是两个变量名。

1. 阅读程序写结果

```
a = 3
a = 1
a = 2
print(a)
```

输出：________________

2. 阅读程序写结果

```
a = 5
b = a + 1
c = a
a = b
print(a+b+c)
```

输出：________________

第 5 课

非凡的计算能力

每课一问？

如何来实现这个程序的效果呢？

电脑又称为计算机，从名字就能看出来电脑的功能肯定和计算相关，那么电脑的计算能力到底有多强大呢？小千决定利用 Python 写个小程序测试一下电脑的计算能力，程序的效果为：当输入任意两个数字时，计算机就能迅速输出这两个数字的和、差、积、商。

明确目标 编写程序，输入任意两个数字，然后输出这两个数字的和、差、积、商。

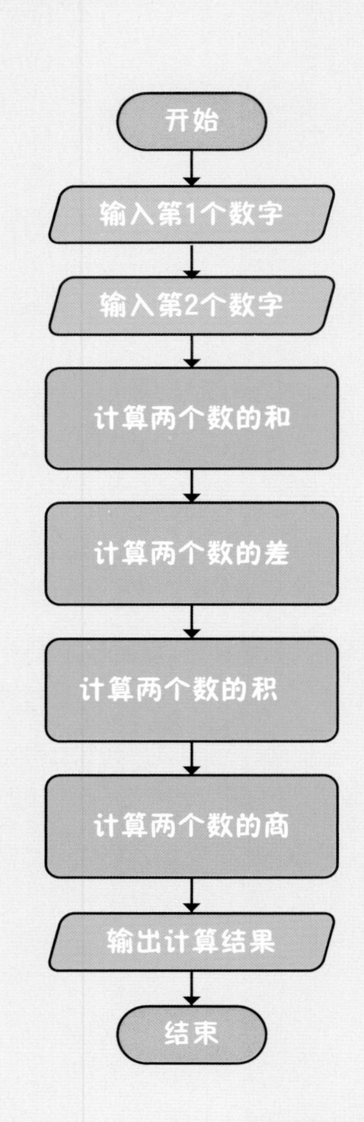

要想实现可以输入任意数字的功能，首先要知道数字都有哪些基本类型。在 Python 中，数字的类型可分为整数型、浮点型、复数型和布尔型。而一般我们用来计算的数字类型为整数型和浮点型。整数型的数值大小可以用浮点型表示，比如整数型数字 2 和浮点型数字 2.0 的大小是一样的，因此可以在计算的时候把数字类型全部转换成浮点型，这样就达到了输入任意数字的目的。

编程实现

```
1  num1 = float(input("请输入第一个任意数字："))
2  num2 = float(input("请输入第二个任意数字："))
3  a = num1 + num2
4  b = num1 - num2
5  c = num1 * num2
6  d = num1 / num2
7  print("两个数的和是：", a)
8  print("两个数的差是：", b)
9  print("两个数的积是：", c)
10 print("两个数的商是：", d)
11
12
13
```

将输入的数字转化为浮点型

四种运算方式的计算结果

运行结果

```
请输入第一个任意数字：6
请输入第二个任意数字：3
两个数的和是： 9.0
两个数的差是： 3.0
两个数的积是： 18.0
两个数的商是： 2.0
```

万能图书馆

答疑解惑

Python 中的数字类型数据不用定义就可以直接计算，这方面不同于 C、C++ 等语言，非常适合初学者学习和理解，不必担心定义的数值类型出错。

float() 函数的作用是把对应的数字类型转换成浮点型。

知识充能

在 Python 中，数学表达式的运算需要将其中的符号改为计算机可以识别的格式。

功能	符号	功能	符号
加法	+	取余	%
减法	−	取整	//
乘法	*	幂运算	**
除法	/	括号	()

其中幂运算的优先级最高，其次是乘法、除法、取余和取整，最后是加法和减法。

创新科技园

1. 阅读程序写结果

```
a = 15
b = 20.0
s = a * b
print(s)
```

输出：____________________

2. 完善程序

```
a=50                    # 三角形的底
h=25.0                  # 三角形的高
s= ____________________ # 三角形的面积
print(s)
```

输出：____________________

第 6 课 布尔值测试

扫码看视频

每课一问？

布尔值测试该如何进行呢？

小千在学习编程的过程中了解到，每一个 Python 对象都有一个布尔值，从而可以进行条件测试，检测结果 1 表示 True，0 表示 False 或非 1 的整数，小千想要根据这个特性来进行一场布尔值测试。

明确目标 进行布尔值测试，验证 Python 中所有对象都能进行布尔值测试这个说法。

布尔值测试需要用到布尔函数，布尔函数的用法为：bool(参数)。

当需要检测时，只需要将检测对象当成参数放在布尔函数的括号中，利用输出函数 print() 将测试的结果打印在屏幕上。在测试开始前，需要先验证 bool(1) 和 bool(0) 的输出结果是否符合描述，再进行其他更多对象的检测。

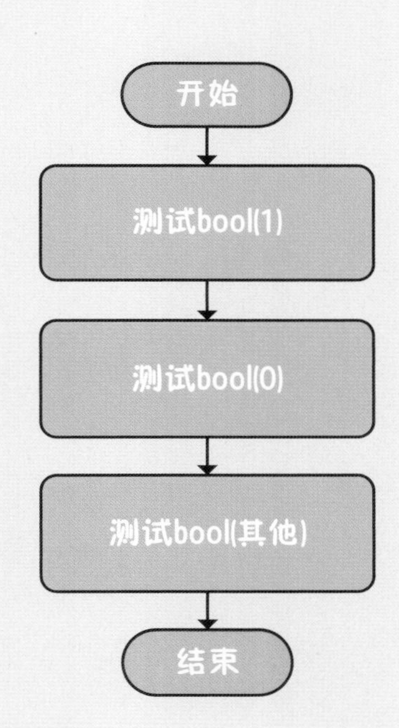

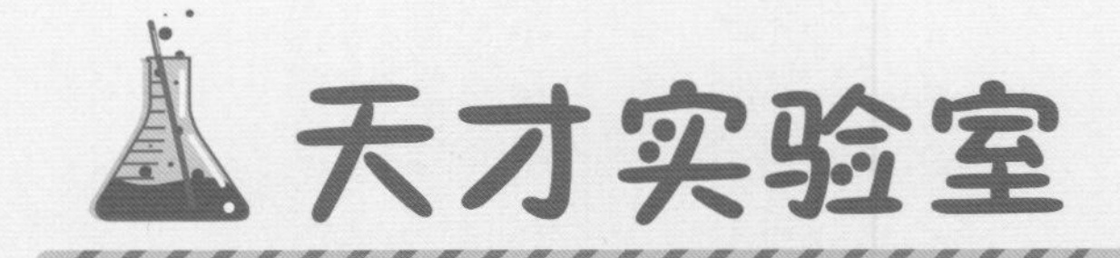

天才实验室

编程实现

```
1  print(bool(1))         # 测试数值1的输出
2  print(bool(0))         # 测试数值0的输出
3  print(bool(15))        # 测试正整数的输出
4  print(bool(-51))       # 测试负整数的输出
5  print(bool(3.14))      # 测试浮点型的输出
6  print(bool('0'))       # 测试字符'0'的输出
7  print(bool('1'))       # 测试字符'1'的输出
8  print(bool('abc'))     # 测试非'1'字符的输出
9  print(bool(''))        # 测试空字符串的输出
10
11
12
```

运行结果

```
True
False
True
True
True
True
True
True
False
```

万能图书馆

答疑解惑

布尔函数的返回值只有两种：False、True。

True 和 False 的第一个字母必须大写。

知识充能

布尔数据类型只有两种取值——真和假，通常用来判断条件是否成立。

创新科技园

1. 阅读程序写结果

```
a = 15
b = 20
print(a>b)
```

输出：____________________

2. 阅读程序写结果

```
a = 6
b = 11
print('(a>b)=',(a>b))
print('(a<b)=',(a<b))
print('(a=b)=',(a==b))
```

输出：____________________

____

____

第 7 课 神探狄仁杰

每课一问？

如果用程序来对这些信息进行合理的拼接，该怎样实现呢？

狄仁杰刚到大理寺任职的时候，积压的案件非常多。他一心扑在工作上，夜以继日，笔不停批，仅仅一年时间，就把积压案件全都清理了，涉案人员达 17000 人之多，事后竟然一个喊冤的都没有，数量之多，质量之好，在当时传为佳话。狄仁杰在破案的时候，总能抓住一些关键的信息，并将这些信息进行拼接和分析，最后一步步地追查到真正的罪犯，人们都称他为神探。小千很敬佩狄仁杰整理和分析信息的能力，也想找机会锻炼一下自己整理和分析信息的能力，这里刚好有一份不小心被弄乱的新同学信息，是个很不错的锻炼机会。

扫码看视频

信息一：他年龄大小是

信息二：，他最喜欢的事情是用 Python 写有趣的程序。

信息三：新来的同学名字是小锋

信息四：12

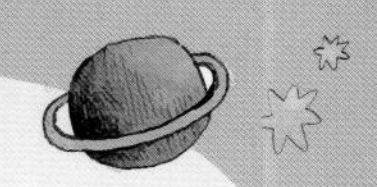

明确目标 将弄乱的信息利用程序进行拼接，组成一段通顺的话并输出。

在 Python 中能够进行拼接的数据类型是字符串，因此在确保所有的信息都是字符串类型的数据后，按照一定的顺利拼接，然后输出就可以了。

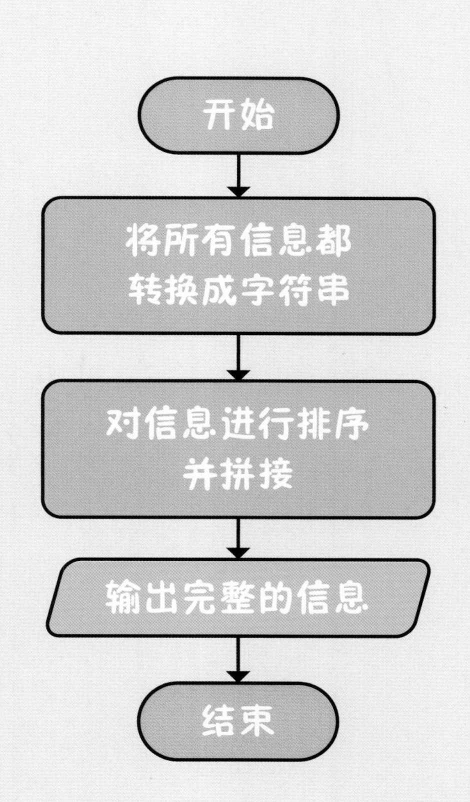

编程实现

```
1  info1 = "他年龄大小是"
2  info2 = "，他最喜欢的事情是用Python写有趣的程序。"
3  info3 = "新来的同学名字是小锋"
4  info4 = 12
5  info4 = str(info4)
6  print(info3 + info1 + info4 + info2)
7
```

将信息4的数据类型转换为字符串

按合理顺序拼接

运行结果

新来的同学名字是小锋他年龄大小是 12，他最喜欢的事情是用 Python 写有趣的程序。

万能图书馆

答疑解惑

str() 函数的作用是将括号中数据的类型转换成字符串类型。

在 Python 中声明一个字符串的方法是，在它的两边加上单引号或双引号。单引号中的字

符串与双引号中的字符串用法完全相同。

字符串之间用加号（+），代表对两个字符串进行拼接。

知识充能

除了加号可以进行字符串之间的运算外，乘号(*)也可以，假如设置字符串变量 a 为 'hello'，b 为 'python'，观察输出结果。

运算符	实例	运行结果	描述
+	a+b	hellopython	字符串连接
*	a*2	hellohello	重复两次输出字符串

1. 完善程序

使下列程序的输出结果为：18 岁生日快乐！

a = 18

b = ' 岁生日快乐！ '

print ____________________

2. 阅读程序写结果

a = ' 我要对你说 '

b = 5

c =' 加油！ '

print(a+c*b)

输出：____________________

第 8 课

爷爷卖水果

整数型与浮点型的转换

每课一问

水果打折后的价格是多少呢？

周末一大早小千就和爷爷一起去卖水果，爷爷这次带了两种水果，分别是苹果和梨。刚开始卖的时候苹果卖 8 元一斤，梨卖 5 元一斤。随着买水果的人越来越少，天色越来越晚，爷爷担心水果放久了就不新鲜了，于是将每斤苹果按照原来价格的 70% 销售，每斤梨按照原来价格的 80% 销售，不一会水果就全部卖完了，最后爷爷带着小千拿着空篮子高高兴兴、一身轻松地回家了。小千觉得爷爷这个打折促销的方式很不错，明天再卖其他水果的时候也按这个方式来。

扫码看视频

明确目标 编写一个程序，输入商品折扣和商品原价能够快速计算出商品打折后的价格。

打折前商品的价格都是整数型，可以通过设置整数型变量来接收输入的数据。商品打折出售都需要与一个比例相乘，比例又属于小数，所以可以通过设置浮点型变量来接收输入的比例。最后将商品的价格和比例相乘，得到的结果就是打折后的商品价格。

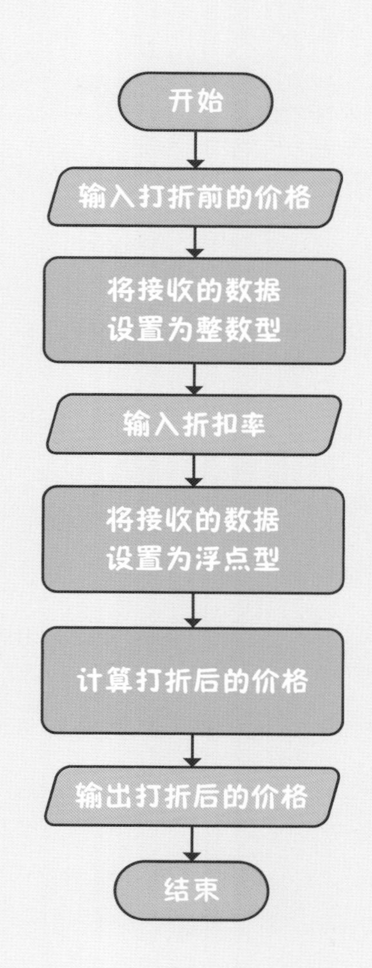

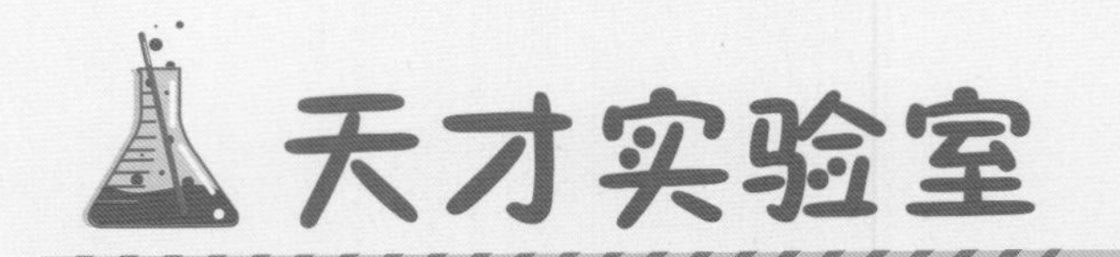

编程实现

```
1  x = input('请输入打折前的价格：')
2  x = int(x)
3  y = input('请输入折扣率：')
4  y = float(y)
5  s = x*y
6  print('打折后，每斤的价格为：',s)
7
8
9
```

将接收的数据设置为浮点型

运行结果

请输入打折前的价格：8
请输入折扣率：0.7
打折后，每斤的价格为：5.6

万能图书馆

答疑解惑

在 Python 中，判断一个数值类型的数据，从表面看整数型就是整数，浮点型就是小数。

```
Python 3.8.5 Shell
File Edit Shell Debug Options Window Help
Python 3.8.5 (tags/v3.8.5:580fbb0, Jul 20 2020, 15:57:54) [MSC v.1924 64 bit (AMD64)] on win32
Type "help", "copyright", "credits" or "license()" for more information.
>>> int(6.999999)
6
>>> int(6.111111)
6
>>> int(8/3)
2
>>>
```

int(x) 中的 x 可以是小数，也可以是计算式。无论 x 的值是多少，只取 x 值的整数部分，不进行四舍五入。

```
Python 3.8.5 Shell
File Edit Shell Debug Options Window Help
Python 3.8.5 (tags/v3.8.5:580fbb0, Jul 20 2020, 15:57:54) [MSC v.1924 64 bit (AMD64)] on win32
Type "help", "copyright", "credits" or "license()" for more information.
>>> float(6)
6.0
>>> float('6')
6.0
>>> float(6.9999999)
6.9999999
>>>
```

float(x) 中的 x 可以是整数，也可以是小数，还可以是字符串。

知识充能

int() 函数可以将整数型表示的字符串转换成整数型数值，但不能将浮点型表示的字符串转换成整数型数值。例如“66”可以转换为 66，“66.0”不能进行转换。

创新科技园

1. 阅读程序写结果

```
a = 5
a = float(a)
b = 4
s = a*b
print(s)
```

输出：____________________

2. 下列数据中，可以通过 int() 函数转换成整数型数值的是（ ）

A．'3.14159'

B．a250

C．3.14159

D．'2*3'

第 9 课

趣味回文联

数字型与字符串的转换

每课一问？

如何利用程序判断一个正整数是否是回文数？

扫码看视频

在河南境内有一座鸡公山，山中有两处景观，分别是“斗鸡山”和“龙隐岩”。

有人就此作了一副巧妙的对联：

斗鸡山上山鸡斗；

龙隐岩中岩隐龙。

第一次读可能发现不了这副对联的妙处，试着把每一联的字都倒着读，你会发现无论正着读还是倒着读，内容都一样，这种对联就叫做回文联。同样在数学中，如果一个正整数从左读和从右读都一样，我们就将它称为回文数。

明确目标 编写程序，输入一个正整数，判断这个正整数是否为回文数，并输出判断结果。

回文数最重要的特征就是从左往右读和从右往左读都一样，所以只要验证需要测试的正整数正着写和反着写相等就可以确定这个正整数是不是回文数。而为了方便对数字排列顺序的处理，需要将数字的类型转换成字符串，来达到进行比较的目的。

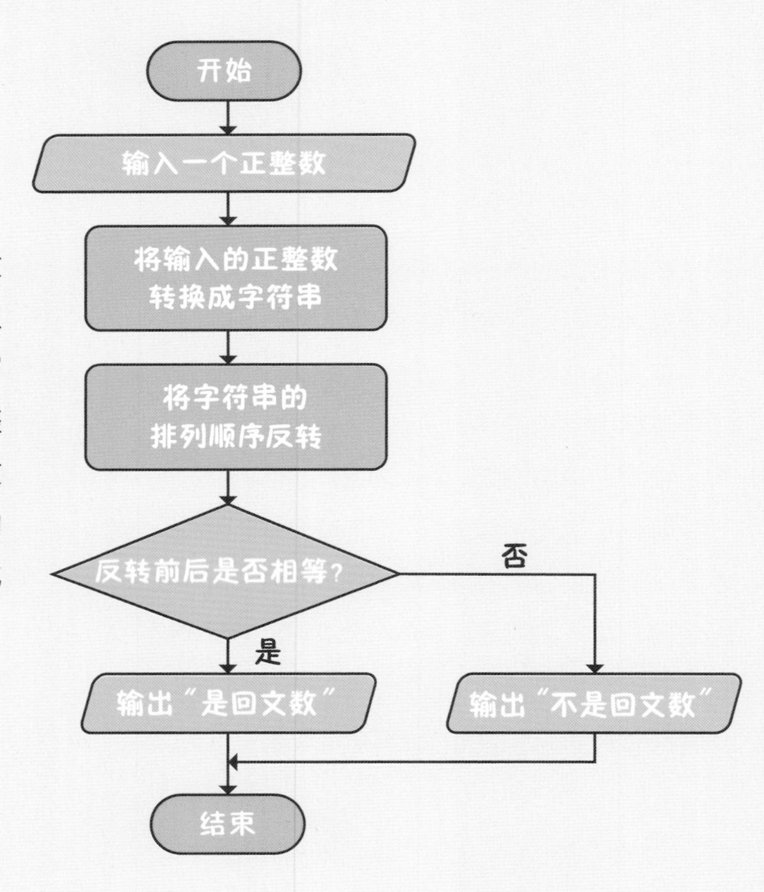

编程实现

```
1  num = int(input("请输入一个正整数："))
2  num = str(num)
3  num_r = num[::-1]
4  print(num,num_r)
5  if num == num_r:
6      print("是回文数")
7  if num != num_r:
8      print("不是回文数")
9
10
```

将整数型转化为字符串类型

将num的值反转后赋值给num_r

判断反转后是否相等

运行结果

请输入一个正整数：1234321
1234321 1234321
是回文数

请输入一个正整数：1234567
1234567 7654321
不是回文数

万能图书馆

答疑解惑

★ 在 Python 中，“=”代表把右边的值赋给左边，“==”表示等于的意思，“!=”表示不等于的意思。

★ str() 函数表示把括号中的数据转换成字符串类型。

知识充能

★ 任意数值类型的数据都能转换成字符串类型；字符串类型的数据中，只有数字的字符串可以转换成数值类型，非数字的字符串不能转换成数值类型。

★ 下面是数字与字符串类型的转换函数。

函数	功能
str(x)函数	将对象x转换成字符串
chr(x)函数	将一个整数转换成一个字符
ord(x)函数	将一个字符转换成它的整数值
hex(x)函数	将一个字符转换成一个十六进制字符串
oct(x)函数	将一个字符转换成一个八进制字符串

1. 阅读程序写结果

```
a = 15
b = 20
c = str(a)
d = str(b)
print(a+b,c+d)
```

输出：__________________

2. 下列数据中，可以通过函数转换成数值类型数据的是（ ）

A. ' 千锋 '

B. 'a850'

C. '3.14159'

D. '2*3'

FINISH
60%
40%
20%
START

3 井井有条的顺序结构

手忙脚乱的情况几乎每个人都遇到过，这个时候越是急躁慌张就越容易办错事，真正有经验的人会迅速厘清事情的重要次序，井然有序地去处理每一件事情，有效地避免不必要的损失。写程序也是一样！下面就一起来学习 Python 中的顺序结构，了解程序中存在的顺序。

第 10 课

整理书柜

每课一问

小千想到的好主意是什么呢？空着的第三层书柜该怎样合理运用呢？

周末，小千在家里整理书柜。书柜一共有 4 层，原来书柜的第二层放的是爸爸的书，第一层放的是自己的书。小千想把两层的书交换一下位置，又不想把书放在地上弄脏了，看了看空着的第三层，有了一个好主意，不一会儿就换好了书籍的位置。

明确目标 了解小千交换书籍位置的过程，然后用程序将这个过程演示出来。

直接交换第一层和第二层显然不可能，所以可以考虑先把有图书的其中一层图书放在空的第三层，比如先把第一层小千的图书放在第三层，然后把第二层爸爸的图书放在刚空出来第一层，这样爸爸的图书就放到了第一层，第二层就变成空的了，然后再把刚放到第三层小千的图书放到空出来的第二层，这样就完成了小千和爸爸两个人图书在书柜中位置的互换。在程序中，要想交换两个变量的值，也可以借助“空着的第三层书柜”来实现。

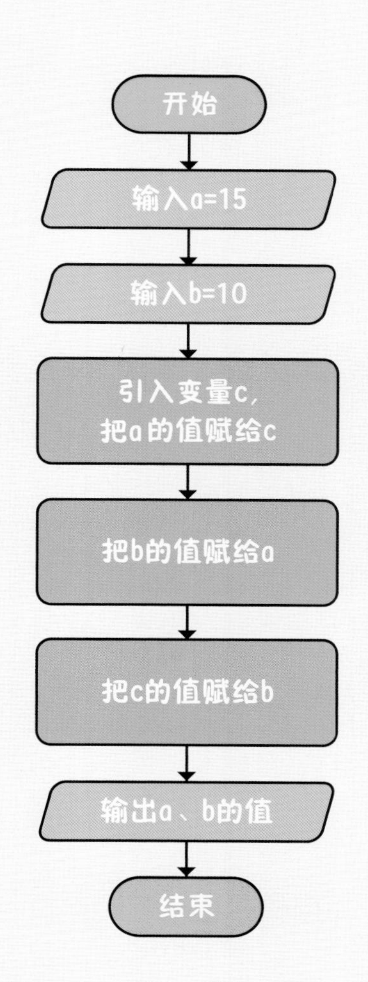

天才实验室

编程实现

```
1  a = int(input("请输入a的值："))
2  b = int(input("请输入b的值："))
3  c = a
4  a = b
5  b = c
6  print("a的值：",a,",b的值：",b)
7
8
9
```

数值的交换过程（第3～5行）

运行结果

```
请输入 a 的值：15
请输入 b 的值：10
a 的值： 10 ，b 的值： 15
```

万能图书馆

答疑解惑

上述代码交换数值的过程中，顺序不能随意颠倒，如果顺序写错，程序的运行结果就会出

错，就不能完成两个变量数值的交换。

赋值符号“=”表示的是把等号右边的值赋给左边，并不是表示两边相等，在程序中和数学中“=”的用法相同的写法为双等号“==”。

在程序中，把含有符号“=”的语句称为赋值语句。

知识充能

赋值语句的表现方式有许多种，除了常见的变量赋值，还有序列赋值、链接赋值和列表赋值。

1. 阅读程序写结果

```
a = 1
b = 2
c = 3
a = b + c
b = a + c
c = a + b
a = a + b - c
print(a,b,c)
```

输出：____________________

2. 编写程序

细胞只能由细胞分裂进行增殖，比如一个细胞分裂一次就变成 2 个细胞，2 个细胞分裂就变成 4 个细胞。依此类推，一个细胞进行 5 次分裂会变成多少个呢？试编一程序进行计算。

第11课 萌宠商店

每课一问

萌宠商店上个月售出的小兔子的数量是多少呢？

小千学校附近有一家萌宠商店，可爱的小动物吸引了很多顾客。小千想知道哪种宠物最受欢迎，通过与萌宠商店老板的沟通了解到，上个月萌宠商店一共售出了 36 只宠物，其中售出猫咪的数量占了总数的一半，售出小狗的数量是售出猫咪数量的三分之一，其余的都是小兔子，目前看来小猫咪是最受欢迎的。

明确目标 编写程序，通过计算得出萌宠商店上个月售出的小兔子的数量并输出。

萌宠商店上个月售出萌宠的总数是 36，其中猫咪占了总数的一半，那么卖出的猫咪有 36÷2=18 只。售出的小狗是售出的猫咪数量的三分之一，那么卖出的小狗有 18÷3=6 只。因为其余卖出的都是小兔子，所以用一共卖出的数量减去猫咪和小狗的数量，就是卖出的小兔子的数量，卖出的小兔子有 36-18-6=12 只，看来小兔子也很受欢迎，小狗可要加油了。

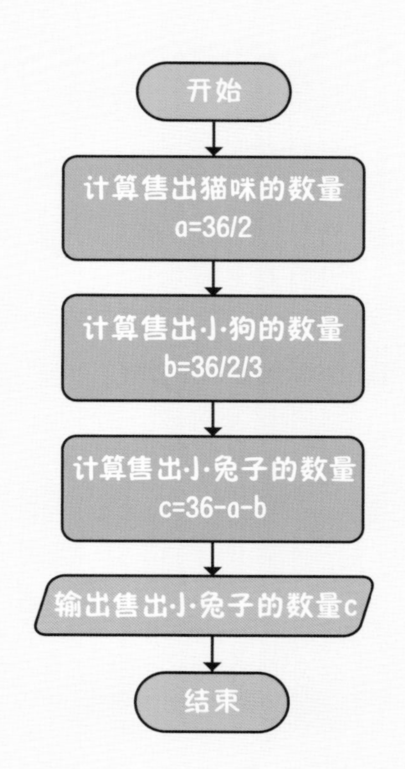

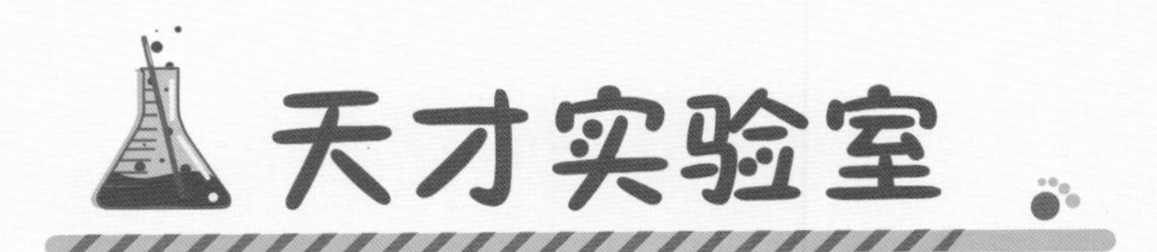

编程实现

```
1  a = 36/2
2  b = a/3
3  c = 36-a-b
4  c = int(c)
5  print("售出的小兔子的数量是：",c)
6
```

猫咪的售出数量

小狗的售出数量

小兔子的售出数量

宠物数量不能用小数

运行结果

```
售出的小兔子的数量是： 12
```

万能图书馆

答疑解惑

在 Python 中，赋值语句可以进行计算，但是需要考虑数值的类型。比如 a=36/2 赋值后，a 的值为 18.0 而不是 18，同理可得 b=a/3 赋值后，b 的值为 6.0 而不是 6。

编写程序要严谨，要考虑实际情况，比如在涉及人数、动物数等问题时，不能用小数，因为不存在半个活着的人或动物。

知识充能

注释通常用于对程序的简要说明或者对重要代码的提示，例如在本课案例中，如果想对某一行赋值运算的代码进行说明，可以在这句代码后边添加一个“#”，然后在“#”后边进行文字说明。

```
1  a = 36/2          #计算售出猫咪的数量
2  b = a/3           #计算售出小狗的数量
3  c = 36-a-b        #计算售出小兔子的数量
4  c = int(c)
5  print(c)
6
```

1. 完善程序

a = float(input(" 请输入半径的长度：")

____

____

____

print(" 圆的周长是 ",c)

print(" 圆的面积是 ",s)

输出：__________________________

____

2. 编写程序

班里一共有 45 人，班长要统计班里同学去过上海和北京的人数，当问到有谁去过北京时，有五分之三的人站了起来；当问到有谁去过上海时，有三分之一的人站了起来。班长发现有 10 位同学两个城市都去过，还有一些同学两个城市都没去过。试编写一程序计算两个城市都没去过的人数。

第12课 求解一元二次方程

每课一问？

如果能用程序快速求解一元二次方程，那岂不是以后再遇到一元二次方程的问题时，只要运行程序就能快速得出答案，那么该如何实现呢？

扫码看视频

小千今天学习了一元二次方程的相关知识，一元二次方程的一般表达式为 $ax^2+bx+c=0$（$a \neq 0$）。其中 ax^2 叫作二次项，a 是二次项系数；bx 叫作一次项，b 是一次项系数；c 叫作常数项 。小千在了解到求解一元二次方程会有一个求根公式：$x=\left[-b \pm \sqrt{(b^2-4ac)}\right]/2a$ 后，想尝试用程序快速解决一元二次方程的求解问题。

问题研究所

明确目标 编写一程序把求根公式运用到程序中，可以快速求解一元二次方程，并输出 x1 和 x2 的值。

参照一元二次方程的一般表达式 $ax^2+bx+c=0$（$a \neq 0$）可知，a、b、c 的值是已知的，所以需要先对已知变量进行赋值。求根公式需要开方，在 Python 中虽然没有直接可以进行开方的运算符，但是可以使用求幂运算符“**”来实现开方，比如想要对 b^2-4ac 开二次方，就计算 b^2-4ac 的二分之一次幂即可。最后一点需要注意的是算术运算符的优先级，程序中的算术运算符的优先级和数学计算中的是一样的。

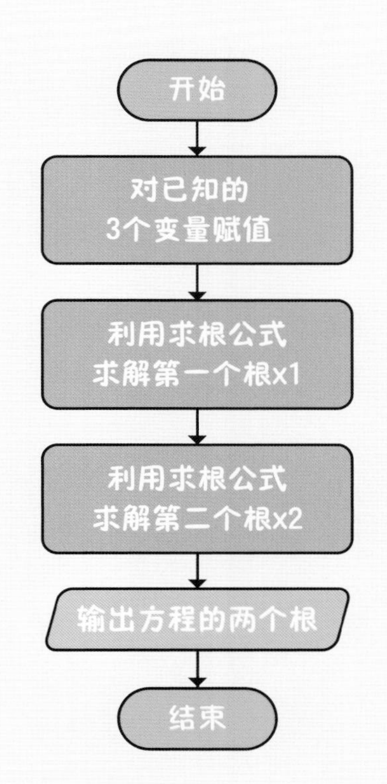

天才实验室

编程实现

```
1  a = 1
2  b = -5
3  c = 4
4  x1 = (-b + (b ** 2 - 4 * a * c) ** 0.5) / (2 * a)
5  x2 = (-b - (b ** 2 - 4 * a * c) ** 0.5) / (2 * a)
6  print("x1 =",x1)
7  print("x2 =",x2)
8
9
10
```

对已知变量进行赋值（第1~3行）

求根公式的运用（第4~5行）

运行结果

```
x1 = 4.0
x2 = 1.0
```

万能图书馆

答疑解惑

在 Python 中，算术运算符的优先级和数学中的运算优先级是一样的，如果要改变顺序，可以使用括号来实现，括号的优先级最高。

a**b 表示 a 的 b 次方，是程序中幂运算的表达方式，例如 2**3 表示 2 的 3 次方。

知识充能

在等号前面加上一些基本运算符可以构成复合运算符，下面给出了复合运算符的表示方式和含义。

运算符	描述	实例
+=	加法赋值运算符	c+=a等效于c=c+a
−=	减法赋值运算符	c−=a等效于c=c−a
*=	乘法赋值运算符	c*=a等效于c=c*a
/=	除法赋值运算符	c/=a等效于c=c/a
%=	取模赋值运算符	c%=a等效于c=c%a
**=	幂赋值运算符	c**=a等效于c=c**a
//=	取整除赋值运算符	c//a等效于c=c//a

1. 阅读程序写结果

```
a = 1+2*3-4**2/5
print(a)
```

输出：________________

2. 阅读程序写结果

```
n = 2
n *= 1
n -= 2
n += 3
n /= 4
print(n)
```

输出：________________

第13课

超级胡萝卜王

每课一问

屏幕上的数字我们无法触碰，不能像兔子木木一样直接用手交换两个数字的位置，那么程序是否可以帮助我们呢？

木木是一只非常勤劳的小兔子，每年种的胡萝卜都又大又甜。兔子皮皮却好吃懒做，经常饿肚子。今年木木家的胡萝卜不仅大丰收，而且还收获了一颗超级胡萝卜王。皮皮知道了这个消息后十分眼馋那根胡萝卜王，于是决定悄悄地把胡萝卜王偷走。这天皮皮假装四处游走来到木木家门口，记住了木木家的门牌号是 24 号，准备在晚上动手。这件事刚好被木木发现了，聪明的木木很快就明白了皮皮的想法，于是把自己门牌号上的十位数字和个位数字互换了一下，变成了 42 号并报警。晚上做好准备的皮皮找了半天也没找到 24 号，而且被警察逮了个正着。

扫码看视频

明确目标 编写程序，输入一个两位数，交换十位与个位上的数字并输出。

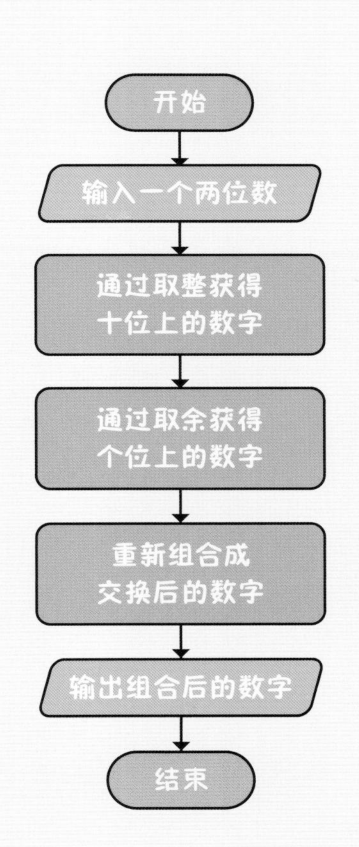

交换一个两位数个位和十位上的数字，首先要考虑如何获取这两个数字。以 24 这个数字为例，因为是十进制数，所以可以让 24 除以 10 通过取余运算获得个位上的数字，再通过取整除运算获得十位上的数字，最后把获取到的个位上的数字乘以 10 与十位上的数字相加就完成了交换。

编程实现

```
1  n = input("请输入一个两位数")
2  n = int(n)
3  shi = n // 10          # 获取十位上的数字
4  ge = n % 10            # 获取个位上的数字
5  m = ge * 10 + shi      # 组合成交换位置后的数字
6  print("交换个位和十位上的数的结果是：",m)
7
8
9
```

运行结果

```
请输入一个两位数 24
交换个位和十位上的数的结果是： 42
```

万能图书馆

答疑解惑

在 Python 中，“%”表示取余的意思，比如 24%10 结果是 4；“//”表示整除的意思，比如 24//10 结果是 2。

在十进制数中，个位上的数要变成十位上的数需要乘以 10。

知识充能

在平时接触的数学运算中都是十进制数字，除了十进制，常见的进制还有二进制、八进制、十六进制，十进制意思是满十进一，同理可得二进制为满二进一，八进制为满八进一，十六进制为满十六进一。

1. 阅读程序写结果

```
a = 5%10
b = 5//10
print(a+b)
```

输出：______________

2. 编写程序

输入一个三位数，输出它各个数位之和。

第 14 课 判断学生成绩等级

每课一问

很多成绩需要划分等级，时间久了，一不小心就可能分错，但是计算机可从不会头昏眼花，所以这件事情交给计算机再合适不过了，可是该如何实现呢？

扫码看视频

每次考试后，老师总会根据每个学生的成绩进行等级划分，大于等于 90 分的为 A 级，大于等于 60 分小于 90 分的为 B 级，小于 60 分的为 C 级，这次老师因为生病请假就把划分成绩等级的事情交给了小千，小千拿到成绩单后想，是否可以用程序来判断每个学生的成绩等级呢？

明确目标 编写程序，输入考试成绩，输出相应的等级。

成绩分为 3 个等级，从上往下依次是大于等于 90 分为 A，大于等于 60 分小于 90 分为 B，小于 60 分为 C。显而易见这 3 个等级的划分也把成绩划分成了 3 个不同的区间，因此只需要判断输入的分数所在的区间是哪一个，然后输出对应的等级就可以了。

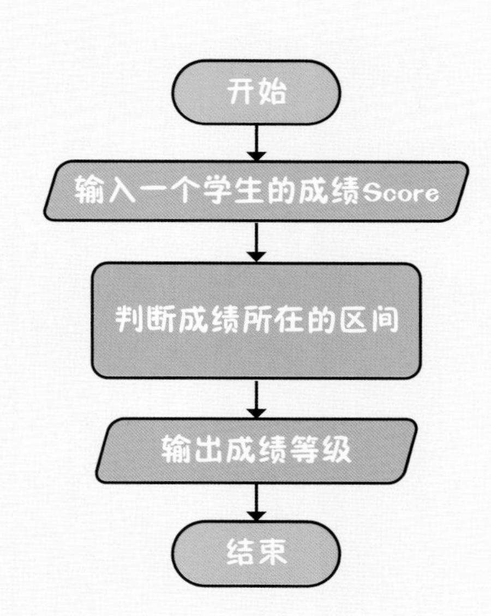

天才实验室

编程实现

```
1  score = float(input("请输入学生的成绩: "))
2  if score >= 90:
3      print("A")
4  if 60 <= score < 90:
5      print("B")
6  if score < 60:
7      print("C")
8
9
```

- if score >= 90: —— 判断成绩是否为A
- if 60 <= score < 90: —— 判断成绩是否为B
- if score < 60: —— 判断成绩是否为C
- if语句，对后面的条件进行判断

运行结果

请输入学生的成绩：60
B

请输入学生的成绩：95
A

请输入学生的成绩：56
C

万能图书馆

答疑解惑

考试成绩可能为小数，所以需要将输入成绩的数据类型通过 float() 函数转换成浮点型。

在进行区间划分的时候要注意，A 级包含 90 分，所以等级 A 划分区间为 score ≥ 90，等号不能少。同理可得 B 级包含 60 分，所以等级 B 划分区间为 60 ≤ score ＜ 90。

代码中用来作比较的符号称为关系运算符。

代码中用到了 if 条件语句，该语句的判断条件后面必须跟着一个英文冒号。

知识充能

关系运算符有 6 种，通常用来比较两个数据的大小关系。关系运算符的结果只有 False 和 True 两种情况，是布尔型。

关系运算符	X、Y 比较	判断	结果
大于（>）	X > Y	是 / 否	True / False
小于（<）	X < Y	是 / 否	True / False
等于（==）	X == Y	是 / 否	True / False
不等于（!=）	X != Y	是 / 否	True / False
大于等于（>=）	X >= Y	是 / 否	True / False
小于等于（<=）	X <= Y	是 / 否	True / False

创新科技园

1. 写出运算结果

```
print(5+3==9)    ____________________
print(1+3>2)     ____________________
print(5+3<=9)    ____________________
print(9+1!=10)   ____________________
```

2. 阅读程序写结果

```
x=1      y=2
if x>y:    print("x>y")
if x>=y:   print("x>=y")
if x<y:    print("x<y")
if x<=y:   print("x<=y")
if x==y:   print("x==y")
if x!=y:   print("x!=y")
```

输出：____________________

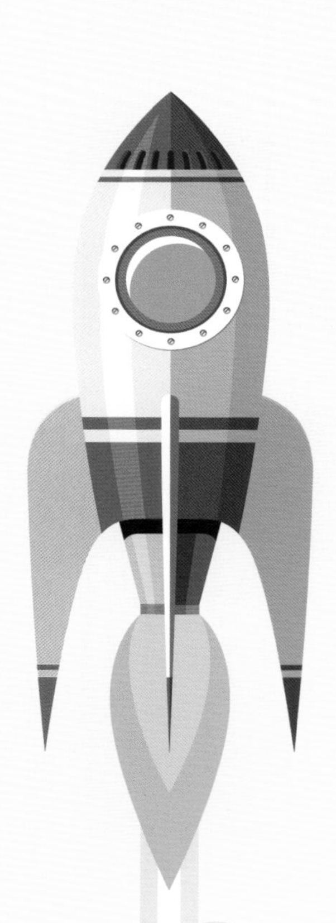

第15课

三角形边长的关系

每课一问？

学以致用，才能让我们对新学的知识了解得更深刻，那么能将这两个结论应用到程序中吗？

扫码看视频

在今天的数学课上，小千了解到：
结论1：三角形的构成条件是，任意两条边的边长之和大于第三边的边长。小千思考后想到，这个结论也可以这么说：
结论2：如果知道三条边中只要存在两条边的边长和小于或者等于第三条边的边长就能证明这三条边不能构成三角形。

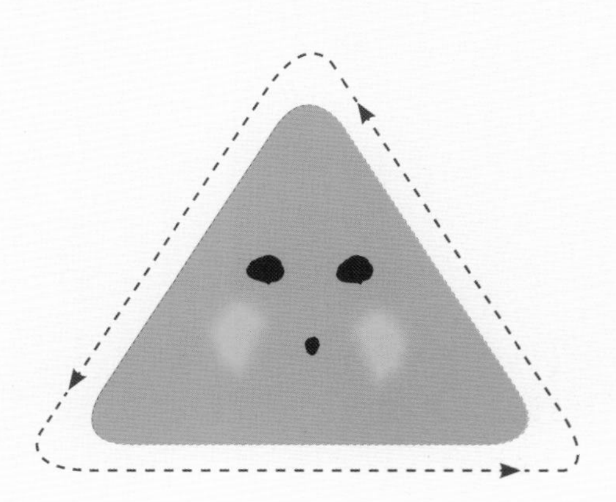

明确目标 编写程序，输入任意三条边的边长，应用上面提到的两个结论判断能否构成三角形，并输出结果。

将两个结论列出来，分析有什么不同。

结论 1：任意两条边的边长之和大于第三边的边长的三条边可以构成三角形。

结论 2：只要存在两条边的边长和小于或者等于第三条边的边长就不能构成三角形。

这两个结论都能判断输入的任意边长的三条边能否构成三角形，不同的是结论 1 注重说明可以构成三角形的条件，结论 2 注重说明的是不能构成三角形的条件，所以在程序中当输入的任意三条边的边长满足结论 1 就输出“可以构成三角形”，满足结论 2 就输出“不能构成三角形”。

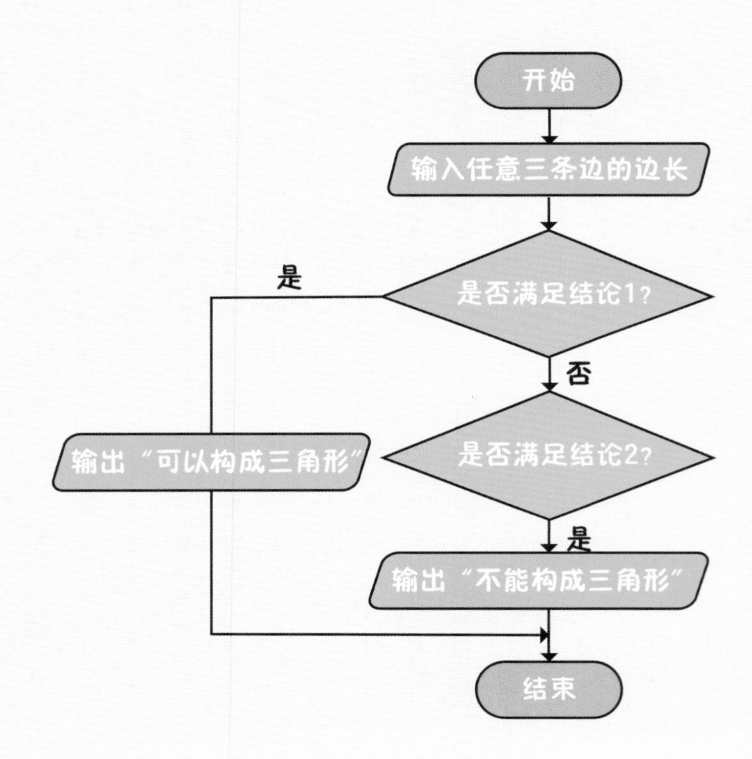

编程实现

```
1  a = float(input("请输入第一条边的边长: "))
2  b = float(input("请输入第二条边的边长: "))
3  c = float(input("请输入第三条边的边长: "))
4  if a + b > c and a + c > b and b + c > a:
5      print("可以构成三角形")
6  if a + b <= c or a + c <= b or b + c <= a:
7      print("不能构成三角形")
8
9
10
```

- 满足结论1的条件（第4行）
- 逻辑运算符与运算（第4行 and）
- 满足结论2的条件（第6行）
- 逻辑运算符与运算（第6行 or）

运行结果

```
请输入第一条边的边长：3
请输入第二条边的边长：4
请输入第三条边的边长：5
可以构成三角形
```

```
请输入第一条边的边长：2
请输入第二条边的边长：3
请输入第三条边的边长：6
不能构成三角形
```

万能图书馆

答疑解惑

上述代码中用到了逻辑运算符中的与运算符 and，与运算符 and 相连的条件都为 True 时，才能返回 True。

上述代码中用到了逻辑运算符中的或运算符 or，或运算符 or 相连的条件都为 False 时，才能返回 False。

关系运算符和逻辑运算符的结果只有两种：False、True。

知识充能

逻辑运算符有 3 种：and、or、not。not 优先于 and 和 or。逻辑运算的对象是布尔型数据，运算结果也是布尔型。

运算符	名称	实例	运算结果	总结
not	非	not True	False	取反
		not False	True	
and	与	True and True	True	都真才真
		True and False	False	有假则假
		False and False	False	
or	或	True or True	True	有真则真
		True or False	True	
		False or False	False	都假才假

1. 写出运算结果

(3<6) and 3!=4 ______________

not(2>3) or (4<7) ______________

(True and True) and (True==False) ______________

2. 下列代码中有两处错误，找出并改正！

```
a = 3
b = 7
print a>b or a<b
print(a=b and a<b)
print(not a<b)
```

改正 1：________________

改正 2：________________

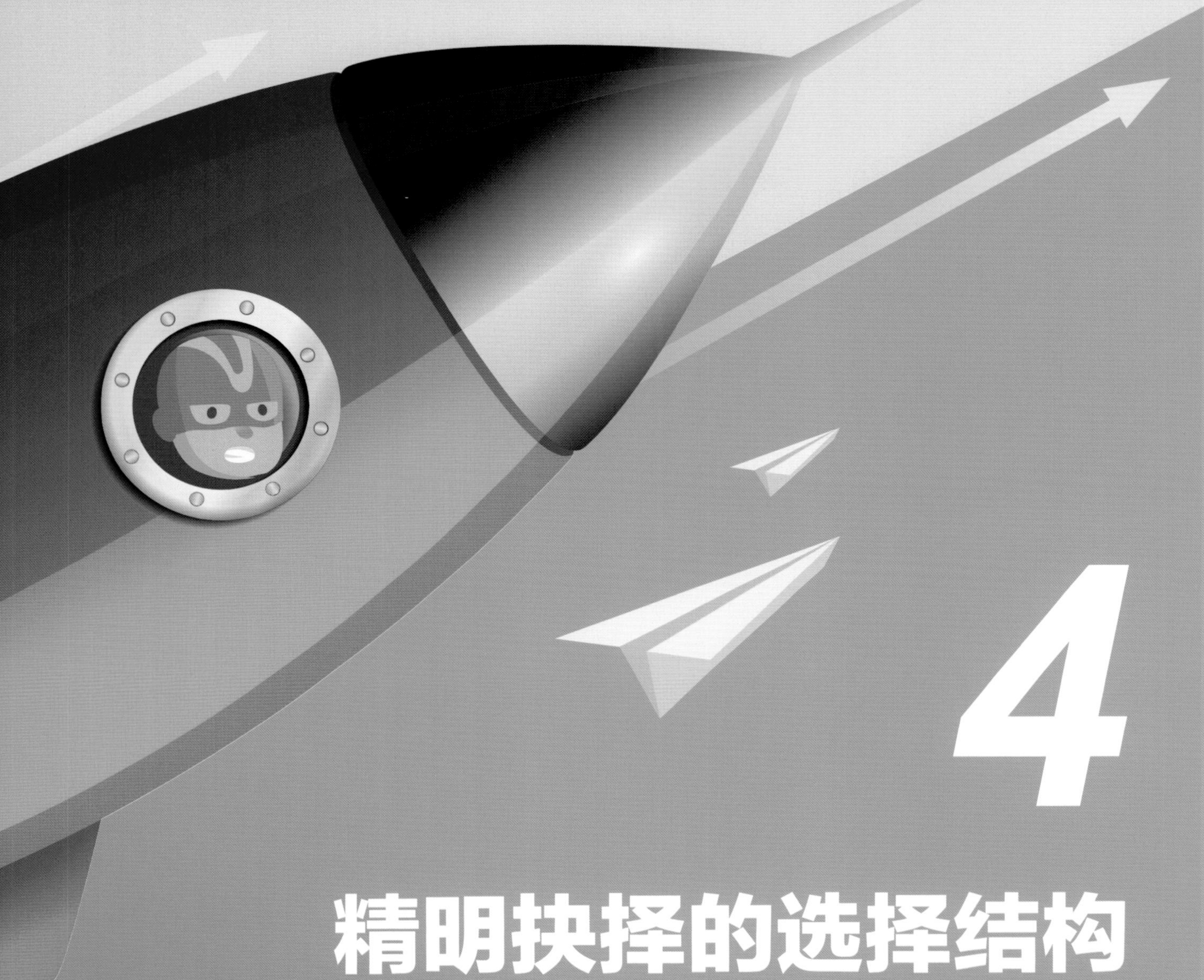

4 精明抉择的选择结构

生活中处处有选择，好的选择可以省去诸多不必要的麻烦。在编程中，经常需要根据条件选择不同的语句，从而达到预期的效果。Python 的选择结构有单分支选择结构、双分支选择结构和多分支选择结构。下面就一起来学习 Python 的选择结构吧！

第16课

天才需要的智商

每课一问

虽然程序不会像我们人类一样去思考，但是程序可以进行判断。以根据一个人的智商判断这个人能否被称为天才的事情为例，我们该如何让程序完成判断工作呢？

智商（IQ）反映人的聪明程度，它是法国心理学家比奈提出的。比奈将一般人的平均智商定为 100，分数越高，表示越聪明，智商测试 140 分以上的人就可以称为天才。

问题研究所

明确目标 编写程序，输入一个人的智商值，根据这个智商值的大小判断这个人能不能被称为天才，如果能被称为天才，则输出这个结果。

要想被称为天才，至少分数要大于 140，因此只需要把输入的智商值和 140 作比较，凡是大于 140 的输出“天才”，就可以实现程序判断的功能。不过写程序要养成考虑实际情况的好习惯，比如一个人的智商不可能达到上千、上万，所以需要提醒用户规范自己的输入，最简单的方法就是可以在输入的时候进行文字提示。

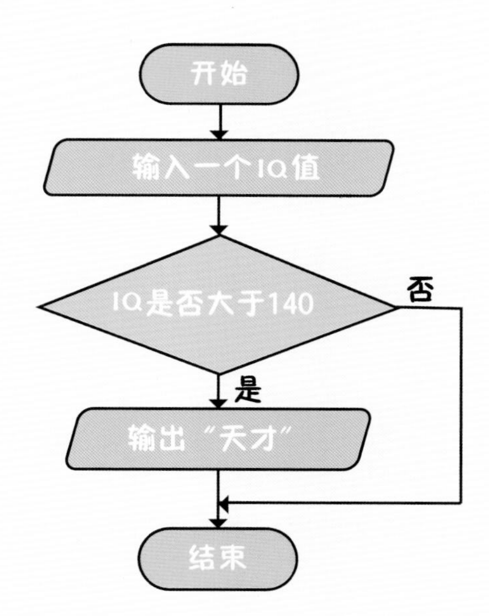

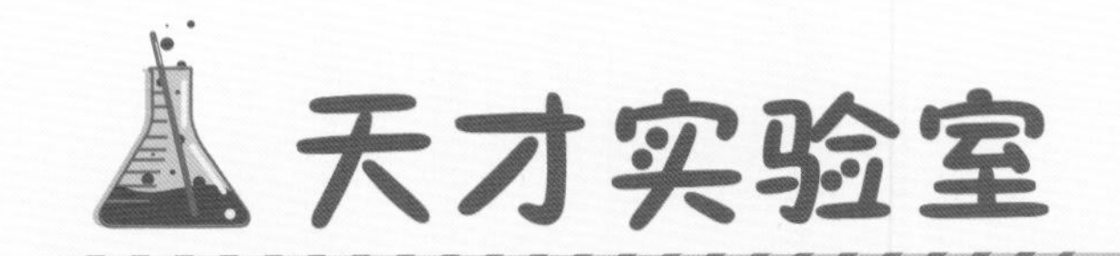

天才实验室

编程实现

```
1  IQ = int(input("请输入一个200以内的整数："))
2  if IQ > 140:
3      print("天才")
4
```

if条件语句

运行结果

```
请输入一个 200 以内的整数：150
天才
```

```
请输入一个 200 以内的整数：80
```

万能图书馆

答疑解惑

在 Python 中，if 语句常被用来进行条件的判断，所以也被称为条件判断语句，一般在 if 后

面都要跟着需要判断的条件。

if 语句是典型的单分支选择结构，只在条件成立（即表达的值为真）时执行，条件不成立则不执行。

知识充能

在 if 条件表达式的后面需要输入一个冒号，位于 if 条件表达式下方的语句，当条件成立时执行的代码需要缩进编写，用于表示从属关系。

1. 阅读程序写结果

```
a = input（" 请输入一个数 a：" ）
a = int(a)
if a%2==0:
   print(a," 是偶数 ")
```

当输入 25 时，输出：______________

当输入 16 时，输出：______________

2. 编写程序

试编写程序，输入任意两个数，让计算机判断两个数的大小，并输出比较的结果。

第 17 课

身高的苦恼

每课一问？

这次“六一”活动，花花和明明各自可以省多少钱？

花花和明明从小一起长大，年龄也一样，但是令花花苦恼的是，由于自己比明明矮一点，因此明明总在自己面前炫耀他的身高。

扫码看视频

“六一”儿童节到了，花花和明明都想去游乐园玩个痛快，在征得各自父母同意后，花花和明明每人得到了 100 元的门票钱，于是两个人高高兴兴地去游乐园了。到了游乐园才知道，游乐园因为儿童节推出了一项优惠活动，身高在 1.4 米及以下的人门票半价优惠，其余的游客则实行门票九折优惠，经过测量，花花的身高是 1.39 米，而明明的身高是 1.41 米，花花非常高兴，这下可以省下很多钱当零花钱了，而明明这次却为自己的身高而感到沮丧。

明确目标 编写程序，输入身高就可以得出门票优惠的金额并输出。

优惠的金额=原来的门票金额×（1－"优惠的折扣"），已知原来的门票为100元，身高在1.4米以上的游客可以节省的金额为100×（1－0.9），1.4米及以下的游客可以节省的金额为100×（1－0.5）。因为只有这两种情况，所以我们需要用到新的知识——if-else语句。

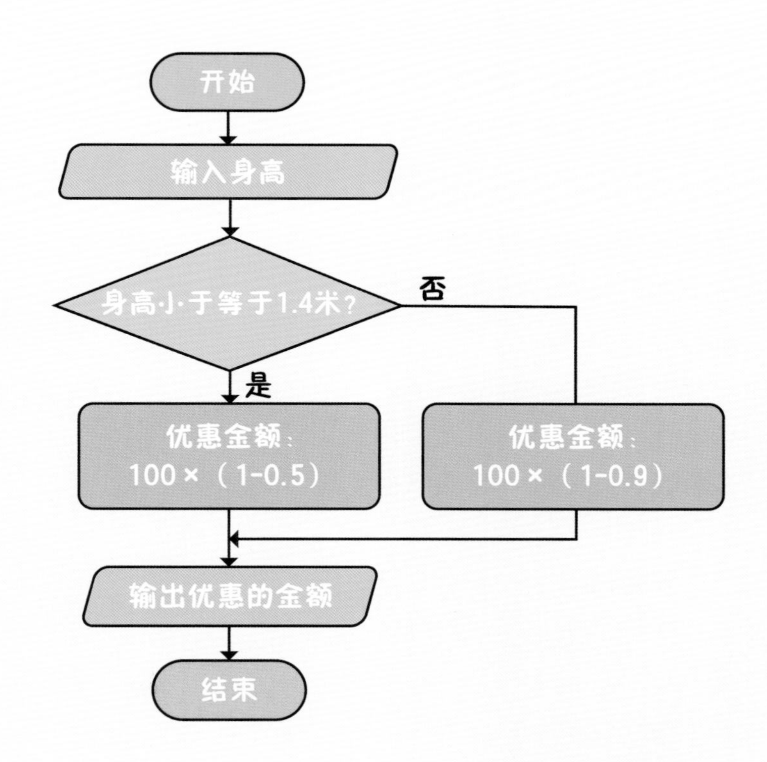

天才实验室

编程实现

```
1  price = 100
2  height = float(input("请输入身高（米）："))
3  if height <= 1.4:
4      save = price * (1 - 0.5)
5  else:
6      save = price * (1 - 0.9)
7  print("优惠的金额(元):  ",save)
8
9
10
```

第3–4行：身高小于等于1.4米的情况

第5–6行：身高大于1.4米的情况

运行结果

请输入身高（米）：1.39
优惠的金额（元）： 50.0

请输入身高（米）：1.41
优惠的金额（元）：9.999999999999998

这是为什么呢?

万能图书馆

答疑解惑

if-else 语句的核心是一个值为 True 或 False 的条件表达式，如果条件表达式的值是 True，则执行 if 语句中的代码；如果条件表达式的值是 False，则执行 else 语句中的代码。

身高大于 1.4 米的游客享受门票九折优惠，在第 6 行代码中，可以节省的金额为 10%，而不是 90%，为变量 save 赋值时一定要注意。

用 if-else 语句编写的代码可以用 if 语句改写。例如示例代码中的第 5 行可以替换成“if height>1.4:”。

知识充能

在运行程序得到的结果中，第二个结果并不是 10 而是 9.999999999999998，这和浮点型数据及计算机的二进制有关。有一部分浮点型数据在计算机内部转化为二进制时会变成无限循环小数，计算机不得不四舍五入，当这些二进制数再次转化为十进制数时就会出现误差。

创新科技园

1. 下列代码有 4 处错误，找出并改正

```
x = int(input(" 请输入任意数字：")) 
y = int(input(" 请输入另一个不同的
任意数字 ： ")) 
if x > y:
    print(" 较大的数是 x")
else:
    print(" 较大的数是 y")
```

错误 1：________________

错误 2：________________

错误 3：________________

错误 4：________________

2. 编写程序

试编写程序，运用 if-else 语句实现判断输入的数字是奇数还是偶数。

第 18 课

体质指数 BMI

每课一问？

现在校园中小胖子越来越多，虽然胖嘟嘟的很可爱，但是这样是不健康的，我们需要把体重控制在健康的范围内，那么怎样才能知道自己的体重是否正常呢？

扫码看视频

19 世纪中叶，体质指数（BMI）由比利时的通才凯特勒最先提出，是目前国际上常用的衡量人体胖瘦程度以及是否健康的一个标准，它的计算方法如下：

体质指数 BMI= 体重（kg）÷ 身高（m）的平方

参考标准（该标准只适合于成年人）如下：

胖瘦程度	BMI（中国标准）
偏瘦	BMI < 18.5
正常	18.5≤BMI < 24
偏胖	24≤BMI < 28
肥胖	28≤BMI < 40
极重度肥胖	BMI≥40

明确目标 编写一个程序，输入一个人的身高、体重，计算出体质指数，并输出其胖瘦程度。

首先通过输入接收身高和体重这两个数据，再根据公式用这两个数据求出 BMI 的数值，然后对 BMI 的数值进行判断。由于数据区划很多，if-else 语句很难解决这种多分支的问题，这时就需要用到 if-elif-else 语句。

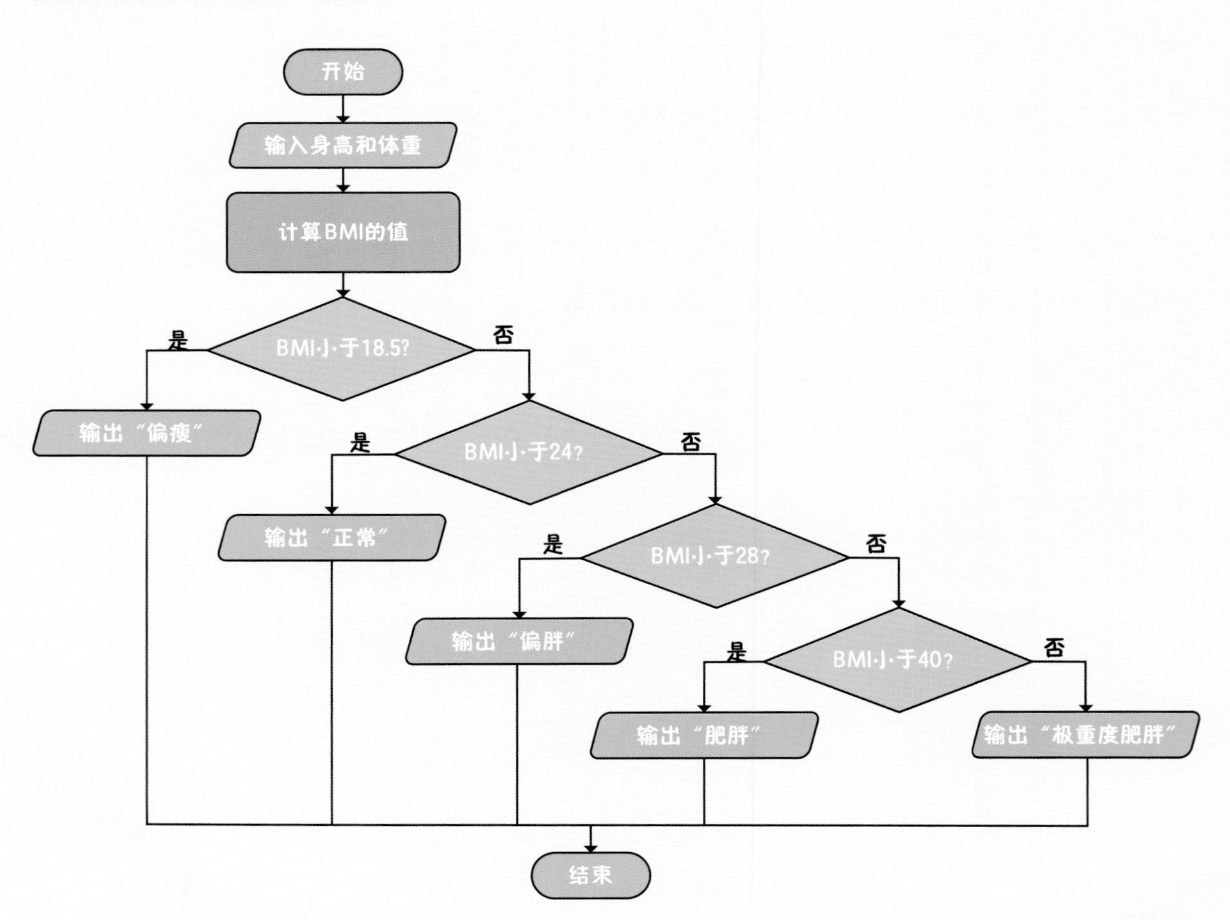

编程实现

```
1   height = float(input("输入身高（m）"))
2   weight = float(input("输入体重（kg）"))
3   BMI = weight/(height*height)
4   if BMI < 18.5:
5       print("偏瘦")
6   elif BMI < 24:
7       print("正常")
8   elif BMI < 28:
9       print("偏胖")
10  elif BMI < 40:
11      print("肥胖")
12  else:
13      print("极重度肥胖")
14
15
16
```

BMI的计算

根据BMI的值进行的5种情况判断

最后一种情况或其他的情况，在最后要用else

运行结果

输入身高（m）1.70
输入体重（kg）80
偏胖

万能图书馆

答疑解惑

if-elif-else 语句可以对多个条件进行判断，如果条件增加，只需要在 if 和 else 之间相应地增加 elif 即可。

else 如果存在，一定是在一个完整的 if-elif-else 语句的最后，不可以放在中间。

知识充能

在条件语句中，if 可以单独使用，但是 elif 和 else 不能单独使用。

在 Python 中输入数据要按照真实情况录入，如果输入的身高与体重超出了正常人的数据范围，程序就会给出不正确的判断。比如输入负的身高，程序也会给出一个结果。

```
输入身高（m）-1.75
输入体重（kg）70
正常
```

创新科技园

1. 下列代码有两处错误，找出并改正

```
cj=float(input(" 输入你的成绩： "))
if cj>=90:
    print(" 你的成绩等级为优秀 ")
else: cj>=80:
    print(" 你的成绩等级为良好 ")
elif cj >= 60:
    print(" 你的成绩等级为及格 ")
else
    print(" 你的成绩等级为不及格 ")
```

改正 1：________________________

改正 2：________________________

2. 根据表中信息编写程序，要求输入消费的金额，判断可以获得的会员等级

消费金额（元）	会员等级
0≤P＜100	普通会员
100≤P＜200	白银会员
200≤P＜500	黄金会员
500≤P＜1000	铂金会员
P≥1000	钻石会员

对应的源程序如下：

```
P=float(input(" 请输入消费金额： "))
if 0 <= P < 100:
   print(" 普通会员 ")
elif 100 <= P< 200:
   print(" 白银会员 ")
elif 200<= P < 500:
   print(" 黄金会员 ")
elif 500 <= P < 1000:
   print(" 铂金会员 ")
else:
   P>= 1000
   print(" 钻石会员 ")
```

第19课

诸葛亮借东风

每课一问？

温度大于等于 25℃称为天热，反之称为天冷；风速大于等于 8 米 / 秒称为刮风，反之称为无风，倘若结合温度和风速的数据判断天气情况，用程序如何实现？

扫码看视频

诸葛亮与周瑜共同制订了火攻曹营的计划。但连日来江上一直刮西北风，周瑜为东风之事闷闷不乐，病倒在床上。诸葛亮对周瑜说，自己作法能向上天借来东风。

周瑜立即命人筑了一个土台，叫“七星坛”。诸葛亮在“七星坛”上祈求东南风，到了预定的日期，果然东南风大作，周瑜顺利地完成了他的火攻计划，取得了胜利，大家都对诸葛亮借东风的本领敬佩不已。其实，诸葛亮的“东风”并非是借来的，而是通过观察环境的变化预测到的。

明确目标 编写一个程序，结合温度和风速的数据判断天气情况。

如果把温度作为一个大的前提条件，那么大于等于 25℃这个条件下，根据风速大小进行判断，可以得出天气热且刮风和天气热且不刮风这两种情况，同理可得温度小于 25℃的两种情况。

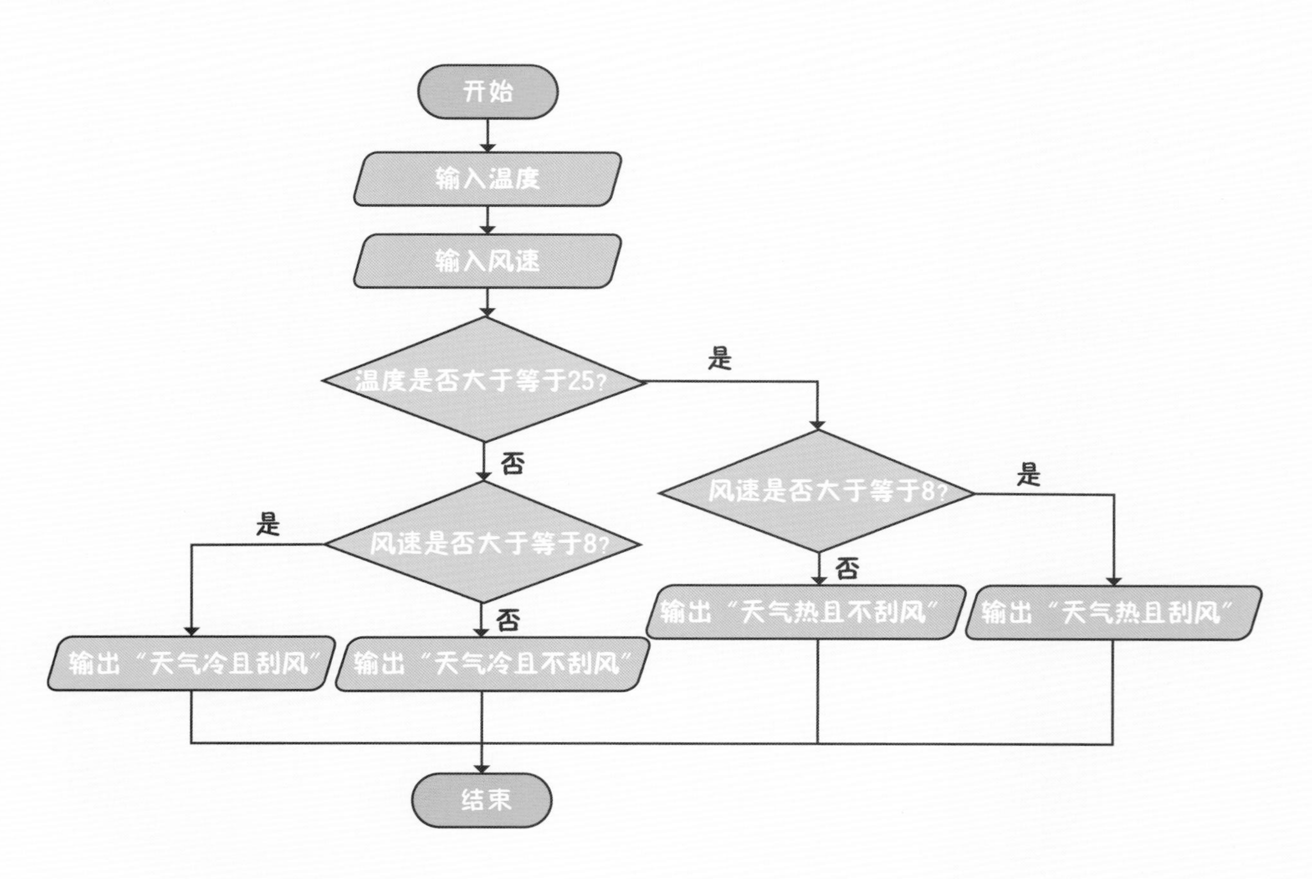

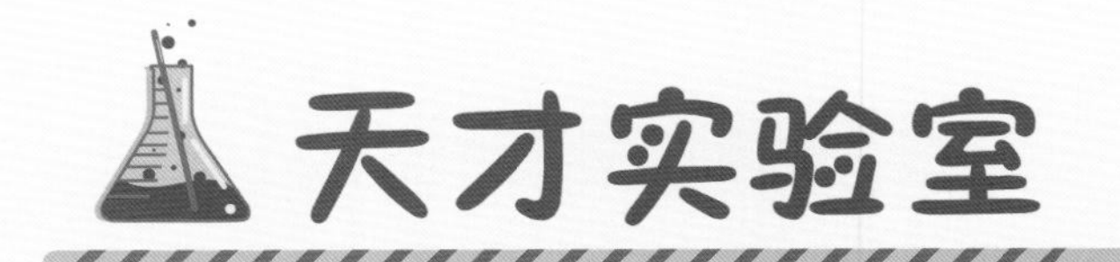

天才实验室

编程实现

```
1  temp = float(input("请输入温度（ ℃ ）: "))
2  speed = float(input("请输入风速（米/秒）: "))
3  if temp >= 25:
4      if speed >= 8:
5          print("天气热且刮风")
6      else:
7          print("天气热且不刮风")
8  if temp < 25:
9      if speed >= 8:
10         print("天气冷且刮风")
11     else:
12         print("天气冷且不刮风")
13
14
```

在满足温度大于等于25℃条件下的两种情况

在满足温度小于25℃条件下的两种情况

运行结果

```
请输入温度（ ℃ ）：26
请输入风速（米 / 秒）：9
天气热且刮风
```

```
请输入温度（ ℃ ）：26
请输入风速（米 / 秒）：7
天气热且不刮风
```

```
请输入温度（℃）：15
请输入风速（米/秒）：10
天气冷且刮风
```

```
请输入温度（℃）：15
请输入风速（米/秒）：5
天气冷且不刮风
```

万能图书馆

答疑解惑

在 Python 中编写嵌套条件的语句时，只要没有违反语法规则，就可以嵌套任意多个条件的语句。然而，当嵌套的条件语句多于三层时，代码就会不便于阅读，从而导致把一些可能出现的情况忽略掉。因此，应当尽量将嵌套条件语句拆分为多个 if 语句或者其他类型的语句。

知识充能

将示例代码中的第 8 行改为“else:”，其结果不发生改变，这样就变成了 if-else 条件语句的嵌套。需要注意的是，同层的 if 语句和 else 语句是对齐的。

```
1  temp = float(input("请输入温度（ ℃ ）: "))
2  speed = float(input("请输入风速（米/秒）: "))
3  if temp >= 25:
4      if speed >= 8:
5          print("天气热且刮风")
6      else:
7          print("天气热且不刮风")
8  else:
9      if speed >= 8:
10         print("天气冷且刮风")
11     else:
12         print("天气冷且不刮风")
13
14
```

创新科技园

1. 下列代码有两处错误，找出并改正

```
x = int(input(" 请输入 x 的值: "))
if x >= 0:
    if x > 0
        print("y=1")
    else:
        print("y=0")
else:
    print("y=-1")
```

改正 1：________________

改正 2：________________

2. 编写程序

输入任意 3 个数，输出最大的那个数，要求用到 if 和 if-else 条件语句的嵌套。

第20课 石头剪刀布

每课一问？

能编写一个和计算机玩“石头剪刀布”的游戏吗？

石头剪刀布是大家都很熟悉的猜拳游戏，这个游戏的主要目的是解决争议，在我国，不同省份的人对它的称呼也不相同：

北京人说：“猜 - 丁 - 壳！”

天津人说：“砸 - 剪子 - 包”或“锛 - 铰 - 裹！”

唐山人说：“嘿儿一捞一头！”

西安人说：“猜 (四声)- 咚 (二声)- 嗤 (轻声)!”

杭州人说：“秦（二声）- 宗（一声）- 绑（四声）

莆田人说：“沟叻推哟啵”

河南人说：“锤 - 包 - 锤”

东北人说：“定（四声）岗（三声或四声）锤（二声）”

……

扫码看视频

问题研究所

明确目标 编写一个程序，实现和计算机玩“石头剪刀布”游戏的功能。

如果用 0、1、2 分别表示石头、剪刀、布，当我们输入这三个数字中的任意一个，计算机也随机在这三个数字中选出一个与我们的数字进行比较，根据数字代表的角色进行输、赢和平局三种情况的判断，这样就实现了和计算机玩“石头剪刀布”游戏的功能。如果我们输入的整数范围不在 0 和 2 之间，那么输出“输入错误”作为提示。随机功能的实现需要用到 random 模块中的 randint() 函数，这里只作了解，在函数与模块章节会学习更多相关知识。

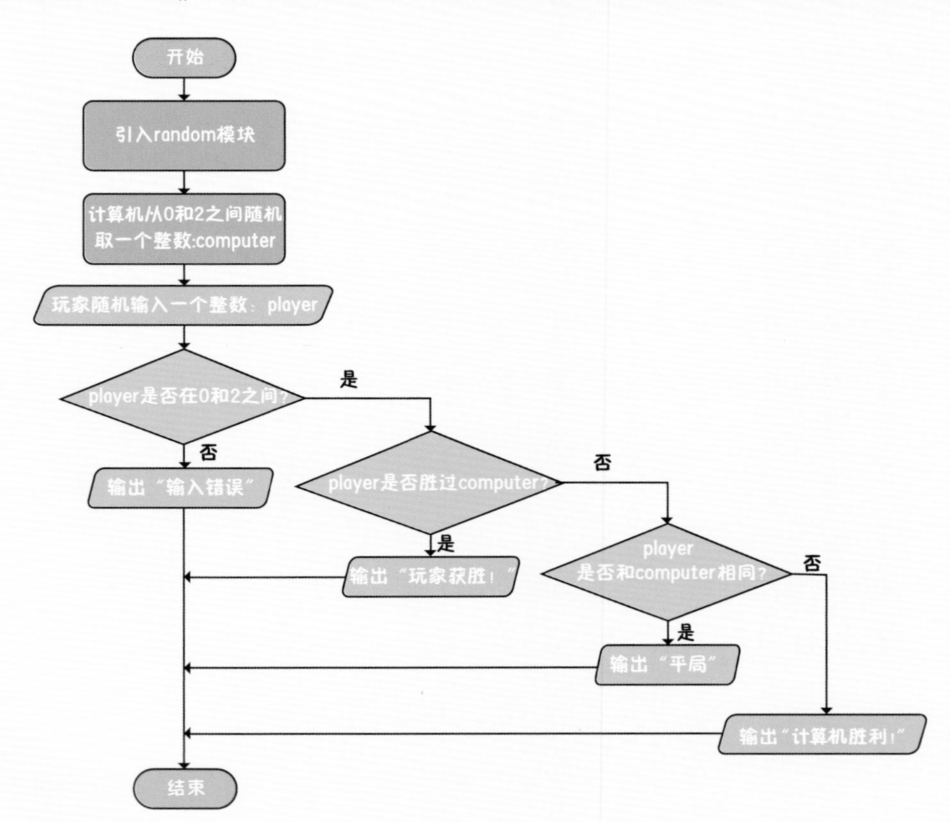

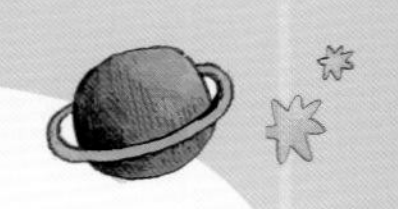

编程实现

```
1  import random
2  computer = random.randint(0,2)
3  player = int(input("请输入【石头（0）、剪刀（1）、布（2）】："))
4  if 0 <= player <= 2:
5      if (((player == 0) and (computer == 1)) or
6         ((player == 1) and (computer == 2)) or
7         ((player == 2) and (computer == 0))) :
8         print("玩家获胜！")
9      elif player == computer:
10         print("平局！")
11     else:
12         print("计算机胜利！")
13 else:
14     print("输入错误")
15
16
```

计算机随机生成一个0和2之间的整数

当输入的整数符合0到2的条件时

玩家获胜的情况

平局的情况

只剩下计算机胜利这一种情况

运行结果

请输入【石头（0）、剪刀（1）、布（2）】：1
平局！

```
请输入【石头（0）、剪刀（1）、布（2）】：1
玩家获胜！
```

```
请输入【石头（0）、剪刀（1）、布（2）】：100
输入错误
```

万能图书馆

答疑解惑

示例代码中第 4 行为 if-else 语句语法中的 if 条件，第 5 行到第 12 行为一个完整的 if-elif-else 语句。示例代码是一个典型的 if-else 和 if-elif-else 条件嵌套语句。

想要知道计算机随机生成的数字是多少，只需要在示例代码第 2 行语句后的合适位置添加一个输出语句，输出随机生成的数字即可。

知识充能

条件嵌套语句的语法格式灵活，其核心是外层向内层逐层判断。

1. 阅读程序写结果

```
a = int(input(" 请输入第一个数字： "))
b = int(input(" 请输入第二个数字： "))
c = int(input(" 请输入第三个数字： "))
d = int(input(" 请输入第四个数字： "))
x = 0
if a < b:
    if c < d:
        x = 1
    else:
        if a < c:
            x = 2
        else:
            x = 3
print("x 等于 ",x)
```

请输入第一个数字： 1

请输入第二个数字： 2

请输入第三个数字： 3

请输入第四个数字： 4

输出：____________________

2. 程序实现的功能

```
a = int(input(" 请输入第一条边的长度 "))
b = int(input(" 请输入第二条边的长度 "))
c = int(input(" 请输入第三条边的长度 "))
if a + b > c and b + c > a and a +c > b:
    if a == b and b == c:
        print(" 是等边三角形 ")
    else:
        if a == b and b != c or a == c and a != b
            or b==c and a!=c:
        print(" 是等腰三角形 ")
    else:
        print(" 不能构成三角形 ")
```

实现的功能：____________________

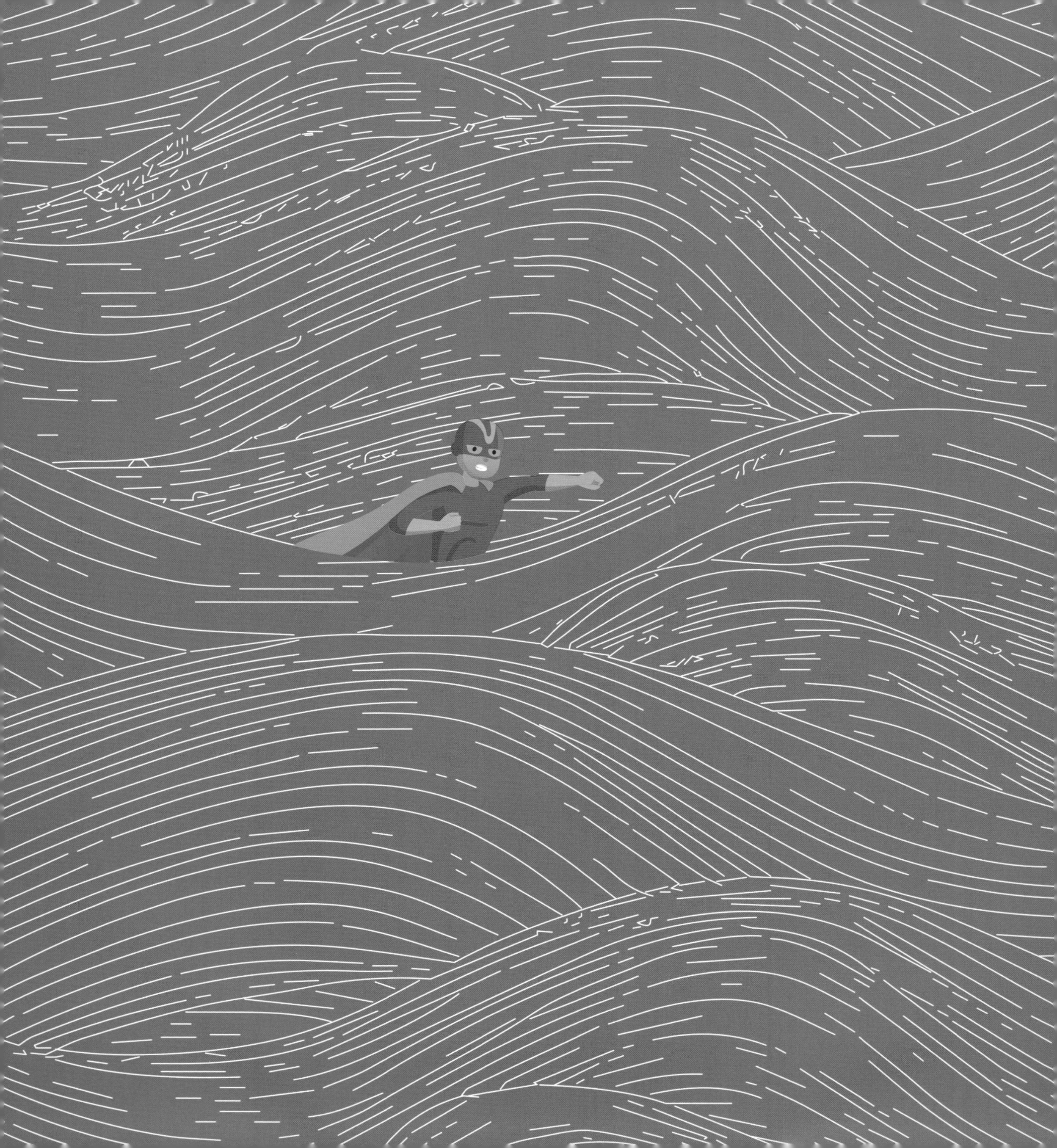

5 一丝不苟的循环结构

很多人都厌烦重复去做一件相同的事情，但计算机不怕重复，同样的事情就算要做上千遍、上万遍，它都会一丝不苟、不知疲倦地完成。在 Python 中，要让计算机重复执行指定的操作，就要学会使用循环语句。

第 21 课

老狼老狼几点了

每课一问？

这段对话很长，怎样才能用程序快捷地输出呢？

扫码看视频

“老狼老狼几点了”是个很有趣的儿童游戏，小千和小锋在玩这个游戏期间出现了一段有意思的对话：

老狼老狼几点了？ 1 点了。

老狼老狼几点了？ 2 点了。

老狼老狼几点了？ 3 点了。

老狼老狼几点了？ 4 点了。

……

老狼老狼几点了？ 11 点了。

老狼老狼几点了？ 12 点了。

狼来了，快跑！

明确目标 观察这段对话的特点，编写一个程序，快捷地输出这段对话。

只运用 print() 函数进行输出，显然无法做到快捷输出。仔细观察这段对话可以发现，除了最后一句，每次对话只有时间在改变，其余的内容都没有变。如果把每句话中的时间数字当成一个变量，用 t 表示，那么每次对话就变得完全一样，这样只需设置好时间变量 t 的变化规律和次数，重复输出 12 次相同的语句就可以了。

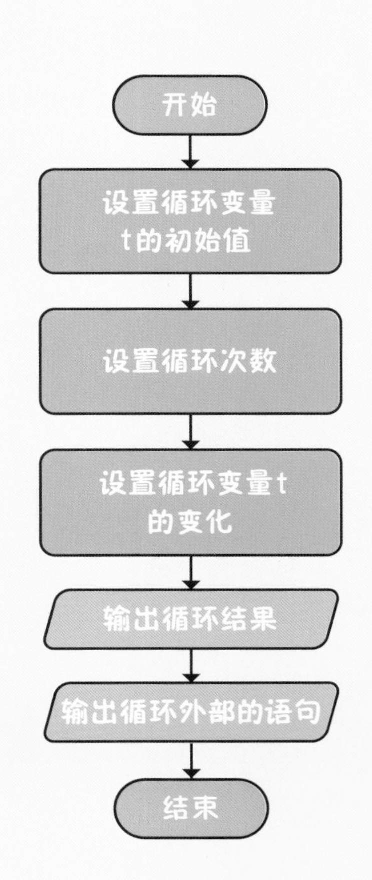

编程实现

```
1  t = 0
2  for t in range(12):
3      t = t + 1
4      print("老狼老狼几点了？",t,"点了")
5  print("狼来了，快跑！")
6
```

- 第2行：让变量t每次在0到12（不包括12）的12个数字中取值，实现12次重复操作
- 第3行：每次循环t的值增加1
- 第4行：每次循环的t结果都输出一次值
- 第5行：输出循环外的最后一句话

运行结果

```
老狼老狼几点了? 1 点了
老狼老狼几点了? 2 点了
老狼老狼几点了? 3 点了
老狼老狼几点了? 4 点了
老狼老狼几点了? 5 点了
老狼老狼几点了? 6 点了
老狼老狼几点了? 7 点了
老狼老狼几点了? 8 点了
老狼老狼几点了? 9 点了
老狼老狼几点了? 10 点了
老狼老狼几点了? 11 点了
老狼老狼几点了? 12 点了
狼来了，快跑!
```

万能图书馆

答疑解惑

for 循环的基本格式：

```
for 变量 in range(m,n):
    循环体
```

功能：从 m 开始按顺序执行循环体，到 n 时停止循环，其中 m 每次递增 1。

range(12) 也可以写成 range(0,12)，结果是一样的。

知识充能

for 语句不仅可以与 range() 函数配对使用，还可以以其他方式遍历任何序列的项，比如运行下面的程序可以依次输出 1、2、3、4、5，括号内的数可以是任意实数。

```
for i in (1,2,3,4,5):
    print(i)
```

创新科技园

1. 变量 i 的初始值是 0，下列语句中，每执行一次能使变量 i 的值在 1 和 0 两个数值间交替出现的是（ ）。

A. i=i+1　　　B. i=i-1

C. i=-i　　　D. i=1-i

2. 编写程序

试编写程序，输出 1 到 100 的所有整数（包含 100）。

第 22 课

棋盘上的麦粒

for 语句与累加求和

每课一问？

要达到达依尔的要求需要多少麦粒呢？

扫码看视频

印度舍罕王为了奖励国际象棋的发明人达依尔，就问他想要什么。达依尔说：“陛下，请您在这张棋盘的第 1 个小格里放 1 粒麦子，第 2 个小格里放 2 粒，第 3 个小格里放 4 粒，以后每一小格都比前一小格加一倍。请您像这样摆满棋盘上所有的 64 格，将这些麦粒都赏给我就行了。”国王觉得这要求太容易满足了，就答应了他，当人们把一袋又一袋的麦子搬过来开始计数时，国王才发现，就是将全国的小麦都拿来也不够给的。

问题研究所

明确目标 编写一个程序，计算达依尔要求的麦粒数并输出结果。

这个要求乍听起来似乎很简单，而且计算方式也不是很难想到，用数学的方法计算，即 $1+2+2^2+2^3+\ldots+2^{63}=2^{64}-1$，运算结果就是 18446744073709551615 粒。当我们看到运算结果时估计会有点惊讶，怎么会这么多，所以一些事情不能理所当然地去看待。按目标要求，我们需要把数学计算方法转换成程序来进行计算，通过观察数学算式可以发现计算结果是从 2 的 0 次幂一直加到 2 的 63 次幂，一共重复了 64 次相加的操作，用循环的方式很容易就可以解决。

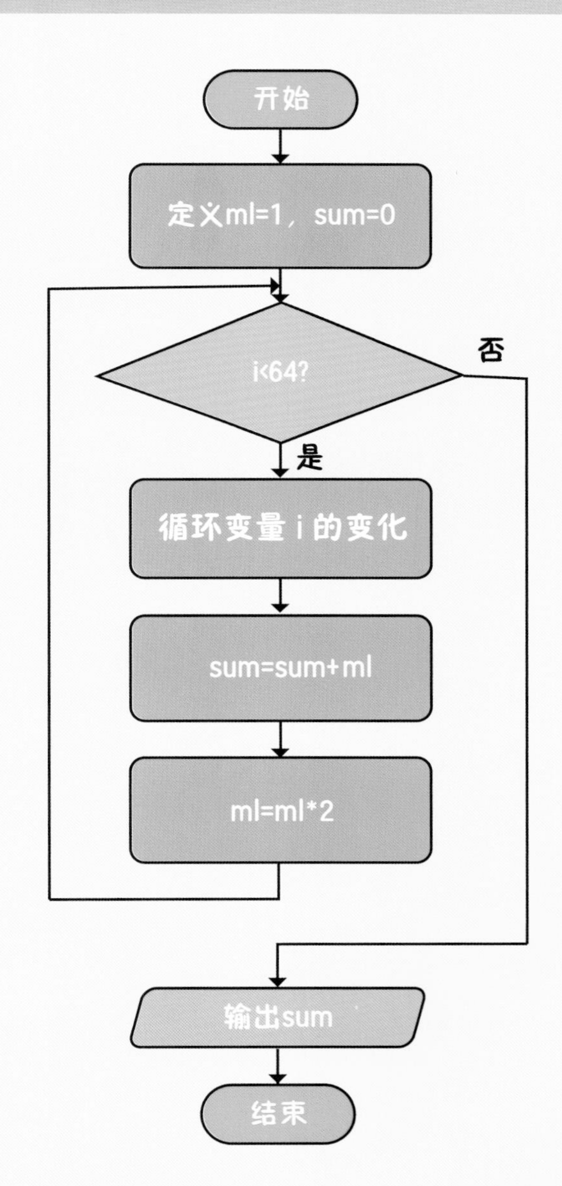

天才实验室

编程实现

```
1  sum = 0
2  ml = 1
3  for i in range(0,64):
4      sum = sum + ml
5      ml = ml * 2
6  print(sum)
7
```

64次循环

求麦粒总数

每循环一次，新增加的麦粒数都是上一次增加的数量的两倍

运行结果

18446744073709551615

万能图书馆

答疑解惑

for 语句中，需要一个循环控制变量，先给变量赋初值，然后判断初值有没有超过终值，如果没有，执行循环语句；如果超过，就跳出循环。右图所示是一般流程。

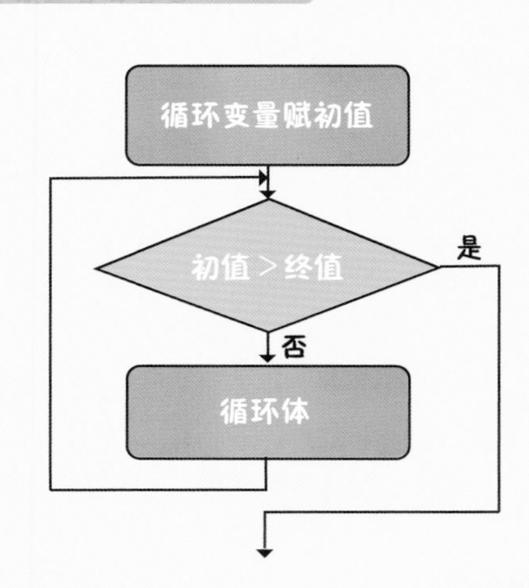

知识充能

示例代码的运行结果只显示了最终的结果，如果想要看到每次循环变量 i、ml、sum 的变化，可以在循环体最后加上输出语句将其展示在屏幕上。

```
1  sum = 0
2  ml = 1
3  for i in range(0,64):
4      sum = sum + ml
5      ml = ml * 2
6      print(i,ml,sum)
7  print(sum)
8
```

1. 阅读程序写结果

for i in range(5)

    print("*")

输出：________________________

2. 编写程序

试编写程序，利用累加求和计算 1+2+3+…+100 的值。

第 23 课

报数游戏

for 语句与 if 语句的结合

每课一问？

小千如果从 1 数到 20，小锋需要说的“叮叮”“当当”和“叮叮当当”分别对应哪些数字？

扫码看视频

小千和小锋玩报数游戏，小千从 1 开始报数，当小千报的数是 2 的倍数时，小锋就说“叮叮”；当小千报的数是 3 的倍数时，小锋就说“当当”；当小千报的数是 2 和 3 的公倍数时，小锋就说“叮叮当当”。

明确目标 编写一个程序，模拟报数游戏中小千从 1 数到 20 的过程，并输出小锋要说“叮叮”“当当”和“叮叮当当”时分别对应的数字。

想要成功地完成游戏，需要对 1 到 20 的每一个数字进行判断，循环可以帮助我们枚举出 1 到 20 的所有数字，条件判断语句可以帮助我们根据游戏规则完成对数字的判断，因此只要将循环语句和条件判断语句相结合就可以完成任务了！

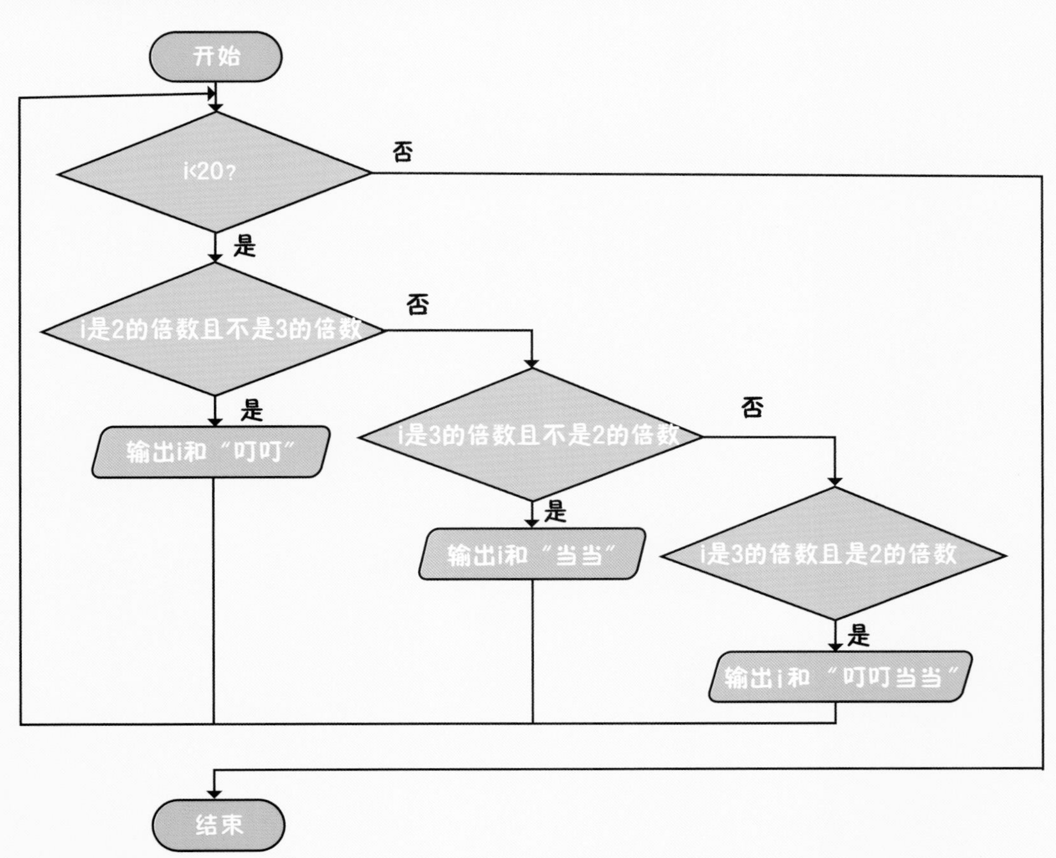

编程实现

```
1  for i in range(1,21,1):
2      if i % 2 == 0 and i % 3 != 0:
3          print (i,"叮叮")
4      if i % 3 == 0 and i % 2 != 0:
5          print(i,"当当")
6      if i % 2 == 0 and i % 3 == 0:
7          print(i,"叮叮当当")
8
9
```

- 第 2 行：符合回答“叮叮”的数字
- 第 4 行：符合回答“当当”的数字
- 第 6 行：符合回答“叮叮当当”的数字

运行结果

```
2 叮叮
3 当当
4 叮叮
6 叮叮当当
8 叮叮
9 当当
10 叮叮
12 叮叮当当
14 叮叮
15 当当
16 叮叮
18 叮叮当当
20 叮叮
```

万能图书馆

答疑解惑

判断条件一定要根据要求写全，例如需要回答“叮叮”的数字除了能被 2 整除这个条件外，隐藏的一个条件是不能被 3 整除，如果忘记了不能被 3 整除这个条件，程序运行后就无法得到预期的结果。

知识充能

在示例代码的第一行语句 for i in range(1,21,1) 中，i 是一个自定义变量。第一个 1 表示 i 的初值，21 表示 i 结束的位置，但不包含 21，第二个 1 表示 i 每次增加 1。下表是对循环中 range() 用法的一个示例。

循环条件	第1次	第2次	第3次	第4次	第5次
range(4)	i=0	i=1	i=2	i=3	退出循环
range(0,4,1)	i=0	i=1	i=2	i=3	退出循环
range(1,4,1)	i=1	i=2	i=3	退出循环	
range(1,4,2)	i=1	i=3	退出循环		
range(4,1,−1)	i=4	i=3	i=2	退出循环	

1. 阅读程序写结果

```
for i in range(0,4,1)
    print(i)
```

输出：______________________

```
for i in range(1,4,1)
    print(i)
```

输出：______________________

```
for i in range(0,4,2)
    print(i)
```

输出：______________________

2. 编写程序

逢 7 过的游戏规则为，大家围坐在一起，从 1 开始报数，但逢 7 的倍数或者尾数是 7，则不能报数要喊“过”，如果犯规了，就需要表演节目。试编写程序，模拟“逢 7 过”游戏 1 到 20 的报数过程。

第 24 课

称心如意的输入

每课一问？

如果可以自动检查数据的正确性就太好了，能用程序实现这个功能吗？

每次考试后老师都会把每个学生的成绩输入到计算机中进行分析处理，但输入时有时会输错，比如当满分为 100 分时，输入了小于 0 或者大于 100 的数，显然输错了，计算机却没有任何提示，不能让老师及时地改正错误。

扫码看视频

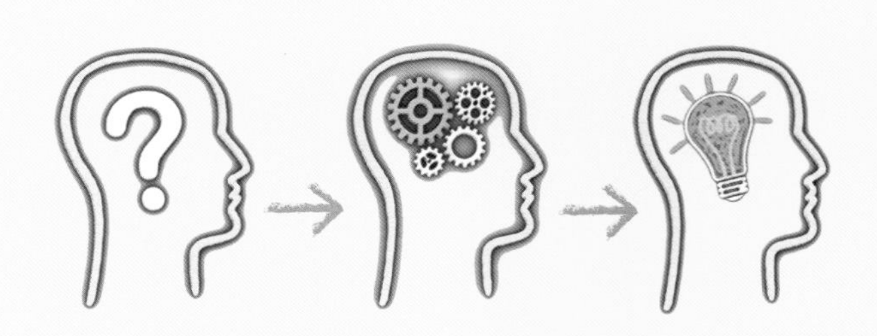

明确目标 编写一个程序，当输入的成绩小于 0 或者大于 100 时会提示重新输入，直到输入正确为止。

如果输入的成绩不在正常的成绩范围内，那么就要一直输入，直到输入的成绩符合要求为止。for 循环因为有循环区间，所以不适合解决这类问题，而另一种循环方式 while 循环可以实现一直循环直到条件不成立时停止的功能，因此我们可以使用 while 循环来解决这个问题。

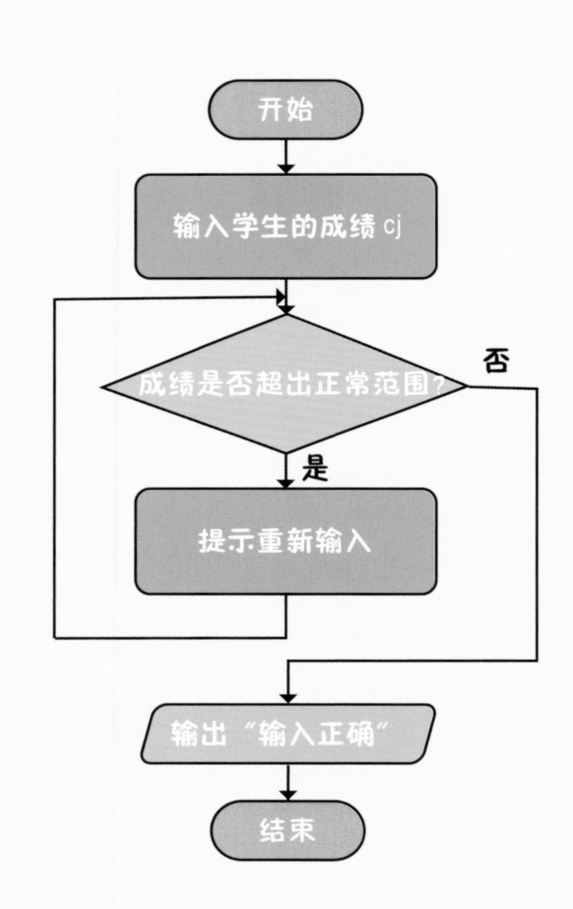

天才实验室

编程实现

```
1  cj = input("请输入学生的成绩：")
2  cj = float(cj)
3  while cj < 0 or cj > 100:
4      cj = float(input("输入错误,请重新输入:"))
5  print("输入正确")
6
7
```

循环一直持续到不满足这个条件为止

运行结果

```
请输入学生的成绩：-10
输入错误，请重新输入:101
输入错误，请重新输入:200
输入错误，请重新输入:98
输入正确
```

万能图书馆

答疑解惑

在 Python 中，for 循环和 while 循环都能让程序执行循环操作，不同之处在于，for 循环是在循环条件超过范围后停止，while 循环是在条件不成立时停止。下面给出 while 循环的一般格式。

while 表达式:
    循环体

知识充能

while 语句既可以用于解决循环次数事先确定的问题，也可以用于解决循环次数不确定的问题，本课的示例代码就是循环次数不确定的问题。下面是循环次数确定的问题（计算1+2+3+…+99+100）。

```
1  sum = 0
2  x = 1
3  while x <= 100:
4      sum = sum + x
5      x = x + 1
6  print(sum)
7
```

1. 程序的功能

```
sum=1
for i in range(1,10,1):
    sum=sum*i
    print(sum)
print(sum)
```

功能：________________

2. 编写程序

利用 while 循环实现第 22 课棋盘上的麦粒的计算问题。

第 25 课

九九乘法表

每课一问

可以用程序将九九乘法表打印出来吗？

扫码看视频

乘法口诀又叫九九乘法表，小学生学习的乘法口诀是从“一一得一”开始的，那为什么不叫一一乘法表而叫九九乘法表呢？那是因为乘法口诀沿用至今已有两千多年，古人背诵乘法口诀开始的两个字是“九九”，所以古人用“九九”作为口诀的名称，称为“九九乘法表”。

1×1=1
1×2=2　2×2=4
1×3=3　2×3=6　3×3=9
1×4=4　2×4=8　3×4=12　4×4=16
1×5=5　2×5=10　3×5=15　4×5=20　5×5=25
1×6=6　2×6=12　3×6=18　4×6=24　5×6=30　6×6=36
1×7=7　2×7=14　3×7=21　4×7=28　5×7=35　6×7=42　7×7=49
1×8=8　2×8=16　3×8=24　4×8=32　5×8=40　6×8=48　7×8=56　8×8=64
1×9=9　2×9=18　3×9=27　4×9=36　5×9=45　6×9=54　7×9=63　8×9=72　9×9=81

明确目标 编写一个程序，按照九九乘法表的格式将“九九乘法表”打印出来。

乘法口诀中的算式由两个相乘的数字和结果组成，只执行一次循环显然无法实现目标，这时就需要用到循环嵌套。循环嵌套通俗地讲就是一个循环中包含另一个循环，我们把外层的循环称为“外循环”，内层的循环称为“内循环”。

首先分析外循环，乘法口诀是从 1 开始一直到 9，一共要执行 9 次，即 for i in range(1,10,1)，意思就是把 1、2、3、4、5、6、7、8、9 依次赋给 i。

再来分析内循环，根据乘法口诀表的排列方式可以发现，如果以每一个横排为一个内循环的话，外循环执行第 1 次时，内循环执行一次；外循环执行第 2 次时，内循环执行 2 次；外循环执行第 3 次时，内循环执行 3 次。依此类推，外循环执行第 9 次时，内循环执行 9 次，即 for j in range(1,i+1,1)。这样内循环和外循环就可以确定了。需要注意的是，每执行一次内循环需要换行才能形成九九乘法表的那种格式。

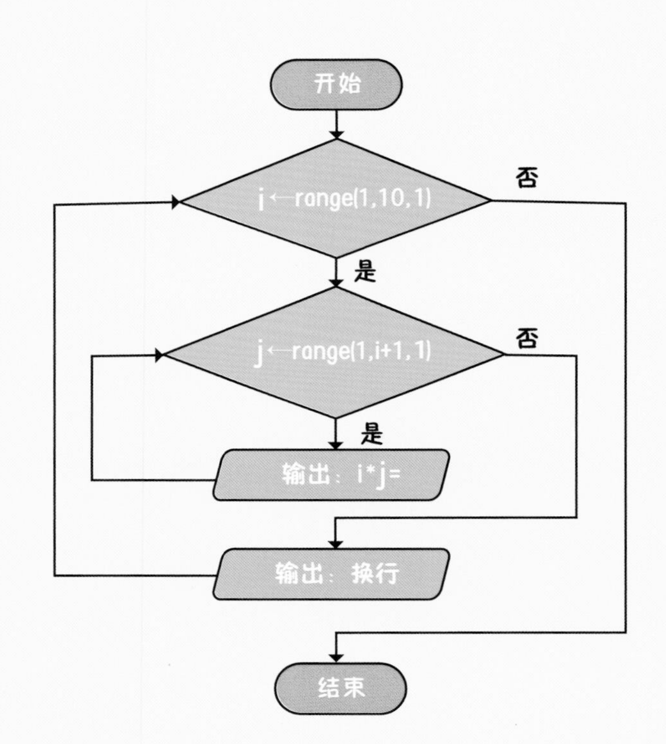

编程实现

```
1  for i in range(1,10,1):
2      for j in range(1,i+1,1):
3          print("%d*%d=%d\t"%(i,j,i*j),end="")
4      print("")
5
```

- 外循环9次
- 内循环是外循环变量加1次
- 表示输出不换行
- 表示空格
- 起到换行的作用

运行结果

```
1*1=1
2*1=2   2*2=4
3*1=3   3*2=6   3*3=9
4*1=4   4*2=8   4*3=12  4*4=16
5*1=5   5*2=10  5*3=15  5*4=20  5*5=25
6*1=6   6*2=12  6*3=18  6*4=24  6*5=30  6*6=36
7*1=7   7*2=14  7*3=21  7*4=28  7*5=35  7*6=42  7*7=49
8*1=8   8*2=16  8*3=24  8*4=32  8*5=40  8*6=48  8*7=56  8*8=64
9*1=9   9*2=18  9*3=27  9*4=36  9*5=45  9*6=54  9*7=63  9*8=72  9*9=81
```

万能图书馆

答疑解惑

示例代码中，因为每次内循环都要打印“i*j=”和 i*j 的值，不管内循环多少次，都要连续打印在同一行中，所以要在输出内循环结果后加上“end=""”表示输出不换行。

“\t”表示空格，为了将打印的每个算式分隔开来。

知识充能

示例代码中的第 3 行代码用到了占位符的操作，%d 可以用来表示整数 int。

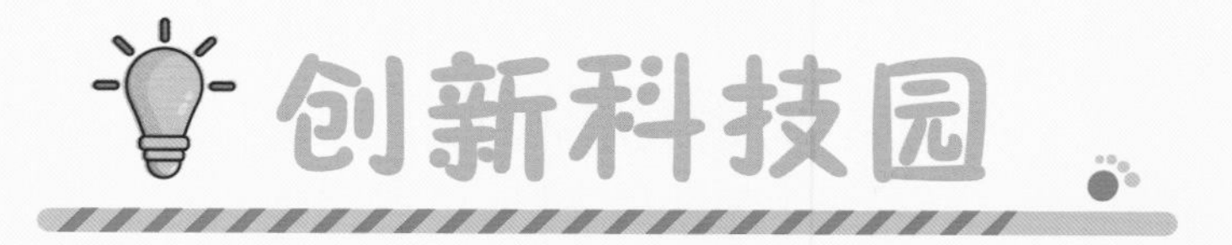

创新科技园

1. 阅读程序写结果

```
for i in range(5):
    for j in range(i+1):
        print("*",end="")
    print("")
```

输出：____________________

2. 编写程序

参照第一题的代码，用“*”打印一个倒直角三角形。

第 26 课

七岁倒背诗经

每课一问？

古人背诵九九乘法表和我们现在刚好相反，那么能用程序按古人的背诵顺序输出九九乘法表吗？

扫码看视频

司马迁是西汉伟大的史学家和文学家，出生于史官家庭。司马迁聪明好学，从小就学到了许多知识。有一次他的外祖父去参加一个文人的集会，把七岁的司马迁也带上了。在集会上，许多文人学士聚在一起饮酒作诗，非常热闹。

有一个叫杜明的儒士不相信司马迁能把诗经中的 145 首《国风》都背下来这件事，于是把司马迁叫到面前求证，谁知司马迁不仅可以正着背，还可以熟练地倒着背，当司马迁倒着背完后，大家都赞叹他为神童。

问题研究所

明确目标 编写一个程序，打印倒序乘法口诀表。

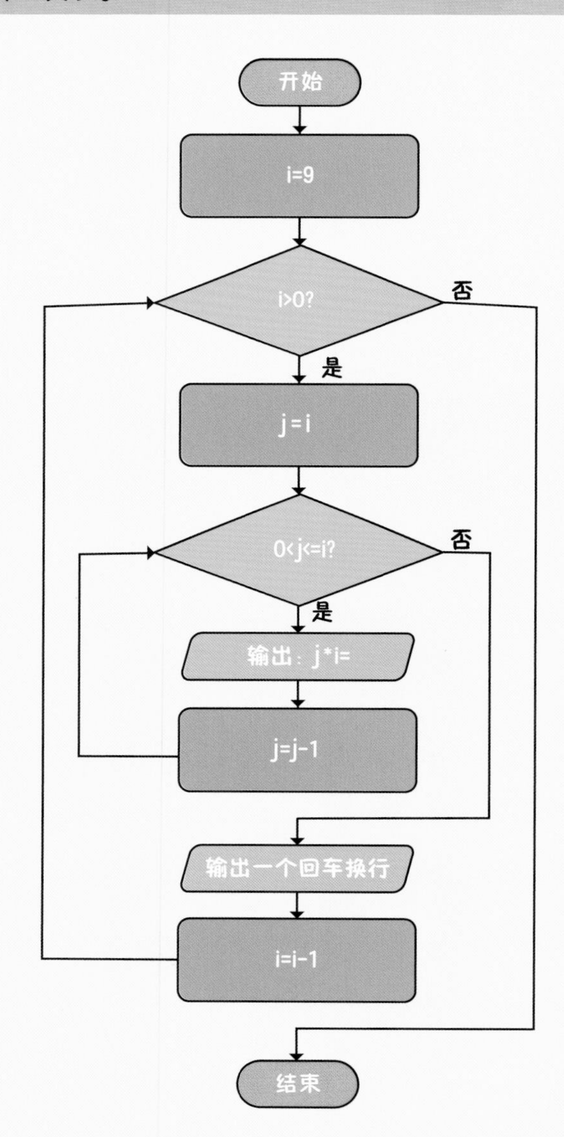

循环嵌套的问题，一般需要先分析内循环和外循环的规则。首先分析外循环，乘法口诀无论从 1 开始还是从 9 开始都需要执行 9 次，所以需要保证外循环要循环 9 次。其次分析内循环，内循环每次执行的次数不同，从 9 次开始，依次减 1，最后要考虑我们平时的背诵习惯，相乘的左边的一个数字总比右边的数字小，比如“八九七十二”。

编程实现

```
1  i = 9
2  while i > 0:
3      j = i          口诀是从“九九八十一”开始的
4      while 0 < j <= i:
5          print("%d*%d=%d\t" % (j, i, i*j), end="")
6          j = j - 1   内循环变量自减
7      print("")   回车换行
8      i = i-1
9
```

运行结果

```
9*9=81 8*9=72 7*9=63 6*9=54 5*9=45 4*9=36 3*9=27 2*9=18 1*9=9
8*8=64 7*8=56 6*8=48 5*8=40 4*8=32 3*8=24 2*8=16 1*8=8
7*7=49 6*7=42 5*7=35 4*7=28 3*7=21 2*7=14 1*7=7
6*6=36 5*6=30 4*6=24 3*6=18 2*6=12 1*6=6
5*5=25 4*5=20 3*5=15 2*5=10 1*5=5
4*4=16 3*4=12 2*4=8  1*4=4
3*3=9  2*3=6  1*3=3
2*2=4  1*2=2
1*1=1
```

万能图书馆

答疑解惑

while 循环的嵌套就是把内层循环作为外循环的语句，当内循环的循环条件不成立时，内循环结束，也就是外循环的当次循环结束，然后开始下一次循环。

知识充能

循环嵌套的内循环有依赖外循环变量和与外循环变量相互独立这两种情况，本课中的示例程序就属于内循环变量依赖外循环变量的情况，下面给出内循环变量与外循环变量相互独立的情况。

```
1  i = 1
2  while i <= 5:
3      j = 1
4      str = ""
5      while j <= 5:
6          str = str + "*"
7          j = j + 1
8      print(str)
9      i = i + 1
```

创新科技园

1. 程序实现的功能

```
i = 2
while(i < 20):
    j = 2
    while(j <= (i/j)):
        if not(i%j): break            #break 表示结束循环，执行循环外的语句
        j = j + 1
    if (j > i/j) : print (i)
    i = i + 1
print (" 判断结束 !")
```

功能：________________________

2. 编写程序

试编写程序，利用 while 语句和 while 语句的循环嵌套顺序输出九九乘法表。

第 27 课 密码的由来

为了避免自己的隐私泄露，人们都会通过设置密码来加以保护，而密码最早产生于希腊。公元前 404 年，斯巴达国（今希腊）的司令莱山得在征服雅典之后，本国的信使献上了一条腰带给他。这条腰带很奇怪，上面有许多杂乱的字母，莱山得猜测这是敌军的情报，但是他拿着这条腰带琢磨了半天怎么也解不出来，于是他准备放弃，就把那条腰带呈螺旋形缠绕在手中的剑鞘上。奇迹出现了，原来腰带上那些杂乱无章的字母竟然组成了一段文字，莱山得顺利获得了敌军的情报，最后大获全胜。

扫码看视频

问题研究所

明确目标 编写一个程序，实现密码的功能，只有密码输入正确才能结束程序。

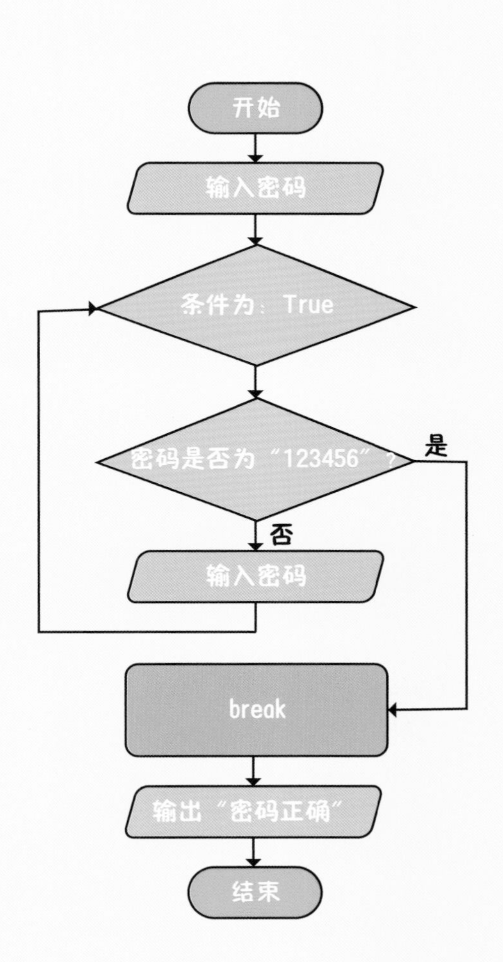

密码如果输入不正确，会提示我们一直输入，这时就会形成一个无限循环，只有当密码输入正确时，程序才能结束。因此需要在循环中添加一个条件判断语句，在判断得到正确的密码后，利用 break 语句终止循环。

天才实验室

编程实现

```
1  mm = input("请输入密码：")
2  while True:            永真循环，只要没有终止语句，就一直循环
3      if mm == "123456":
4          break          跳出循环
5      mm = input("密码错误，请重新输入：")
6  print("密码正确，欢迎！")
7
```

运行结果

```
请输入密码：946123
密码错误，请重新输入：56412
密码错误，请重新输入：55152
密码错误，请重新输入：75254215
密码错误，请重新输入：123456
密码正确，欢迎！
```

万能图书馆

答疑解惑

在 Python 中，break 语句是用来终止循环的语句，在循环中只要程序执行到这一句代码就直接跳出所在的循环。

在嵌套循环中，break 语句将停止执行当前所在的循环，然后直接执行本循环外的代码。

知识充能

在 Python 中，break 语句是一种为了方便解读程序的设计，任何算法其实都可以使用不包含 break 语句的其他语句来实现。

1. 阅读程序写结果

```
n = int(input("for 循环 i 等于："))
for i in range(1, n):
    if  i == 5:
        break
    print(i)
```

如果输入 6，那么输出结果是____________

2. 编写程序

如果给本课示例程序加上输入次数限制，比如输入的次数超过 3 次将终止循环，该如何实现呢？

第 28 课

吉祥数字

continue 语句

每课一问

既然“4”被认为不吉利，那么是否可以用程序把 100 以内包含 4 的数字过滤掉然后输出呢?

北京奥运会开幕时间是 2008 年 8 月 8 日晚上 8 点，为什么会选择这个时间呢？绝对不是巧合，在我国 8 是一个代表吉祥好运的数字。

我国在古代就有吉祥数字这一说法。在中国传统文化中，“1”是最吉利的数字，因为古人认为 1、2、3、4、5 依次代表生、老、病、死、苦。当然这也只是其中的一种说法，在如今的社会，人们比较偏爱的吉祥数字是“6”和“8”，认为不吉利的数字是“4”，你能猜到原因吗?

扫码看视频

明确目标 编写一个程序，输出 100 以内不包含数字 4 的所有正整数。

100 以内的正整数是两位数或一位数，4 要么在个位，要么在十位。个位上的数字，可以用这个数字除以 10 取余得到；十位上的数字，可以用这个数字除以 10 取整得到。找出所有的数字后，利用循环进行筛选输出，遇见包含 4 的正整数，利用 continue 跳过本次循环，不执行输出语句直接进行下一个数字的检测，这样就可以得到 100 以内所有不包含 4 的数字。

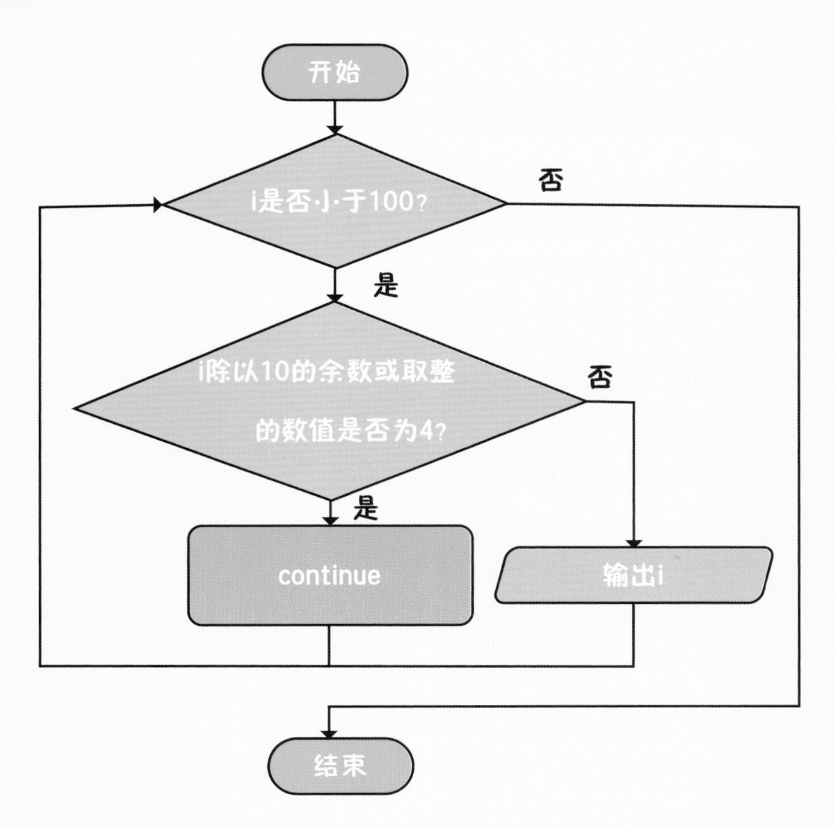

编程实现

```
1  for i in range(1,100):
2      if i % 10 == 4 or i // 10 == 4:
3          continue
4      print(i)
5
6
```

找出所有含有数字4的数字

遇到数字中含有4时，直接跳过本次循环，不执行下面的输出，进行下一轮循环

运行结果

```
1
2
3
5
6
7
8
9
10
```

（因为运行结果太长，以上结果展示的是 1 到 10 的效果。）

万能图书馆

答疑解惑

continue 语句不能单独使用，只能用在循环语句中，且通常配合 if 语句使用。

continue 语句其实是一个删除的效果，它的存在是为了删除满足循环条件下某些不需要的成分。

知识充能

continue 语句与 break 语句的区别在于：continue 只是终止本次循环，接着还执行后边的循环，而 break 则完全终止循环。

1. 下列程序有 3 处错误，找出并改正

```
for i in range(1,20):
    if i%10=7 or i%7=0:
        print(" 过 ")
        break
    print(i)
```

改正 1：________________

改正 2：________________

改正 3：________________

2. 编写程序

利用 continue 语句输出 10 以内的奇数。

6 收放自如的字符串

计算机给我们的生活带来了许多便利，这得益于它强大的工作能力，其中一部分要归功于计算机能够处理不同类型数据的能力。字符串是计算机擅长驾驭的一种数据类型，掌握好对字符串处理的知识能够帮助我们解决编程中的许多问题。

第 29 课 成语接龙

成语接龙是一种传统的文字游戏，它是我国文化积淀深厚的体现。小千所在班级将组织一次成语接龙大赛，为了赢得这次比赛，小千想用 Python 语言编写一个成语接龙的游戏来帮助自己练习。小千的想法是：程序开始，输入第一个成语，然后按照成语接龙的规则进行成语的输入，直到自己接不出下一个成语，输入“结束”后，程序自动把先前输入的所有成语拼接在一起展示在屏幕上，最后看一看自己可以拼接多长的“龙”。

问题研究所

明确目标 编写一个可以练习成语接龙游戏的程序，在输入“结束”后，自动拼接所有输入的成语。

成语接龙游戏开始后，只有当玩家成语接不上时才能自行选择结束，这种不确定循环次数的事件通常要用到无限循环，在达到事件结束的条件或者收到“结束”的指令后，利用 break 跳出循环结束程序。成语接龙游戏进行时，玩家输入的每一个成语都可以看作一个字符串，将所有的成语连接在一起相当于将所有的字符串拼接起来，再将拼接后的字符串输出到屏幕上就可以实现小千的想法了。

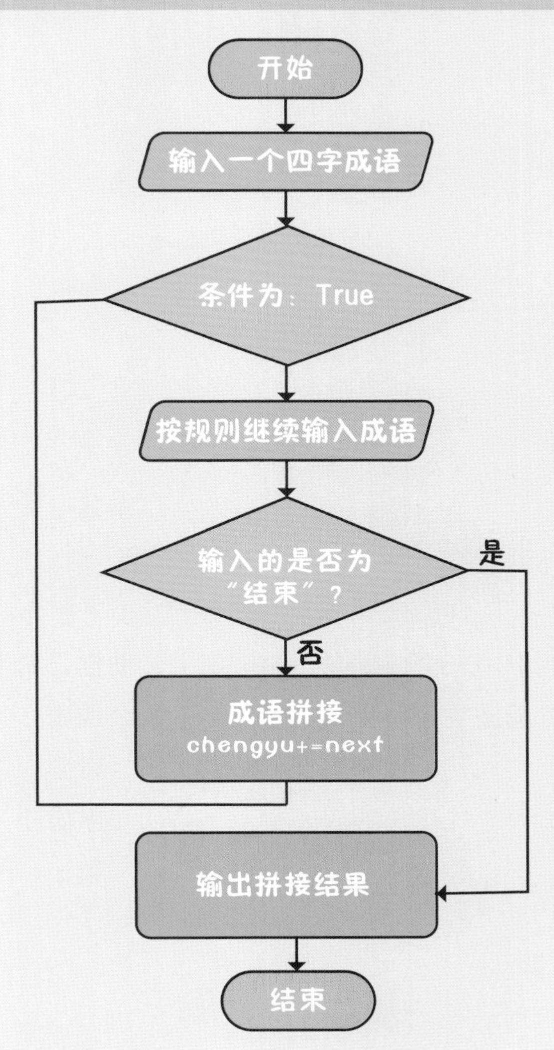

天才实验室

编程实现

```
1  chengyu = input(" 请输入一个四字成语：")
2  while True:                                  # 永真循环
3      next = input("根据成语接龙规则，再输入一个成语：")
4      if next == "结束":
5          break                                # 跳出循环
6      chengyu += next                          # 成语拼接
7  print(chengyu)
8
```

运行结果

```
请输入一个四字成语：辞旧迎新
根据成语接龙规则，再输入一个成语：新陈代谢
根据成语接龙规则，再输入一个成语：谢天谢地
根据成语接龙规则，再输入一个成语：结束
辞旧迎新新陈代谢谢天谢地
```

万能图书馆

答疑解惑

将由 0 个或多个任意符号组成的字符放置在一对英文引号内，Python 就认为它是字符串。字符串拼接在前面的课程中我们已经接触过了，“+”表示拼接，“*”表示复制。

知识充能

字符串有 3 种表现形式：单引号、双引号、三引号，其中三引号可以是三对单引号，也可以是三对双引号，使用三引号可以包含多行的字符串。

```
 9  '''
10  好好学习
11  天天向上
12  '''
13  """
14  春眠不觉晓
15  处处蚊子咬
16  夜来嗡嗡声
17  脓包知多少
18  """
```

1. 下列不属于字符串的是（ ）。

A.qianfeng　　B.' 千锋 '

C.'''qianfeng'''　　D.""" 千锋 """

2. 编写程序

编写程序，可以将输入的话复制 3 次输出。

第 30 课 默契大考验

字符串的索引

每课一问

如果没有足够多的水果，能否用程序实现默契大考验这个游戏呢?

班级举办了一场默契测试的游戏，老师在桌子上摆放了 8 种不同的水果，依次为苹果、香蕉、梨、桃子、葡萄、草莓、荔枝、橘子，并按照正反两种顺序给这 8 种水果编排序号，比如苹果的序号既是 0 也是 -8，然后找两位同学分别从正、反两种序号中各自选一个，如果两个人选到的序号对应的是同一种水果，那么就代表他们很有默契，并可以获得一份礼物。

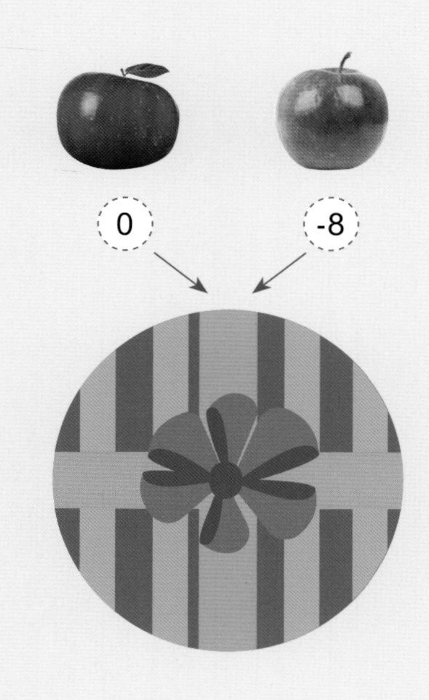

问题研究所

明确目标 编写一个程序，模拟默契大挑战游戏的过程。

8 种不同的水果可以用 8 个不同的字母代替，例如“abcdefgh”。这 8 个字母正好组成了一个字符串，字符串中的元素本身就类似游戏中的序号，这种序号在 Python 中称为索引。索引的数值自左向右从 0 开始，依次增加 1，从右到左则是从 -1 开始，依次减少 1。游戏中玩家正反序号的选择可以用正反索引的选择来代替，当玩家用两种索引方式选择的字母是同一个时，就表示挑战成功，否则挑战失败。

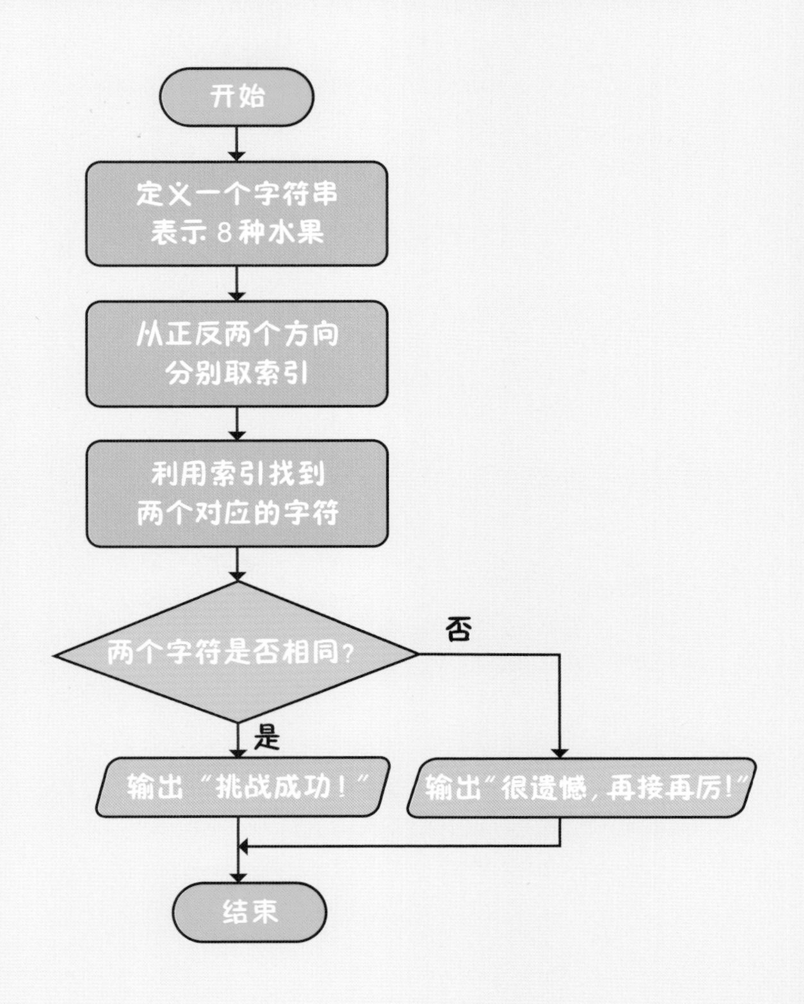

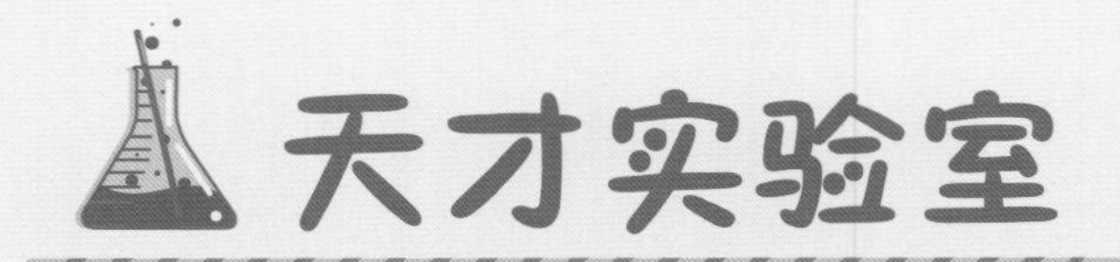

编程实现

```
1  fruit="abcdefgh"
2  x = int(input("请输入小千选的序号："))
3  y = int(input("请输入小锋选的序号："))
4  xiaoqian = fruit[x]
5  xiaofeng = fruit[y]
6  if xiaoqian == xiaofeng:
7      print("挑战成功！")
8  else:
9      print("很遗憾，再接再厉！")
10
11
```

模拟8种水果

从正反两个方向分别选取一个索引当作序号

根据索引找出对应的字符

运行结果

请输入小千选的序号：0
请输入小锋选的序号：-1
很遗憾，再接再厉！

请输入小千选的序号：0
请输入小锋选的序号：-8
挑战成功！

万能图书馆

答疑解惑

如果用 str 定义一个字符串，则 str 中的每一个字符都有一个座位号，即索引值。字符串中字符的索引值有两种编号方案：正向索引、反向索引。下面以“abcdefgh”为例给出字符串中每个字符的索引值。

正向索引	0	1	2	3	4	5	6	7
字符	a	b	c	d	e	f	g	h
反向索引	−8	−7	−6	−5	−4	−3	−2	−1

根据索引找到对应字符的操作为 str[x]，str 表示字符串，x 表示索引值。例如要找到示例程序中字符串中的 b 字符，对应的操作为 fruit[1]。

知识充能

在字符串中，任何符号都是一个独立的字符，如逗号、句号、空格等。

英汉小词典

fruit [fru:t] 水果；果实；产物；农产品

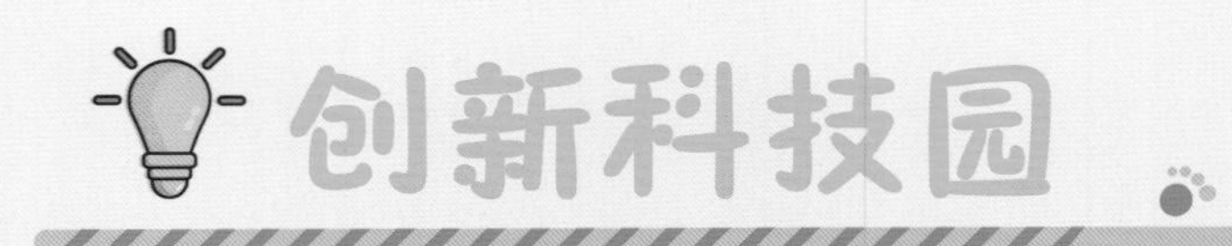

1. 阅读程序写结果

```
str=" 今天天气真好，一会去公园散步。"
print(str[7])
print(str[-3])
print(str[-9])
```

输出：______________________

____

____

2. 如果 str=" 学习 Python 真的好有趣！ "，那么下列表示获取的是字符 t 的是（ ）。

A.str[6]　　　　B.str[5]

C.str[-10]　　　D.str[-9]

第 31 课

身份证号码的组成

每课一问？

如果一个人的身份证号码为12345620080808789O，那么他的出生日期是哪天呢？

身份证号码是由一长串数字组成的，这一长串的数字可不是随意写的，从左到右依次为：六位数字地址码、八位数字出生日期码、三位数字顺序码和一位数字校验码，通过一个人完整的身份证号码就可以大致了解这个人的基本信息。

扫码看视频

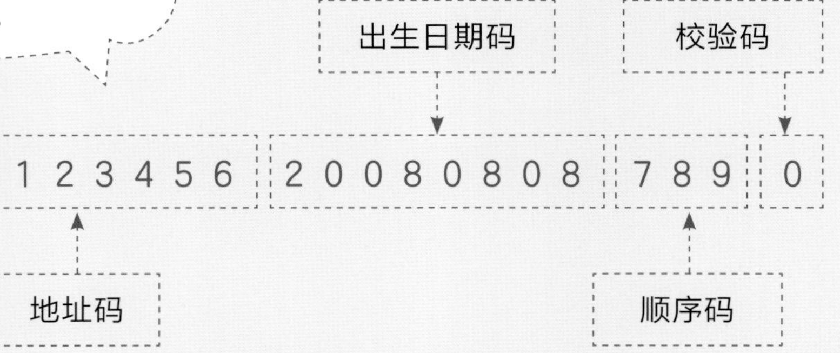

明确目标 编写一个程序，从身份证号码 123456200808087890 中获取 8 位数字的出生日期码。

身份证号码可以看成一个字符串，根据这个字符串的索引可以知道出生日期码每个数字对应的索引值，然后根据出生日期码对应的索引值的范围将这一节字符串截取出来，就可以获得这个身份证号码中对应的出生日期码。

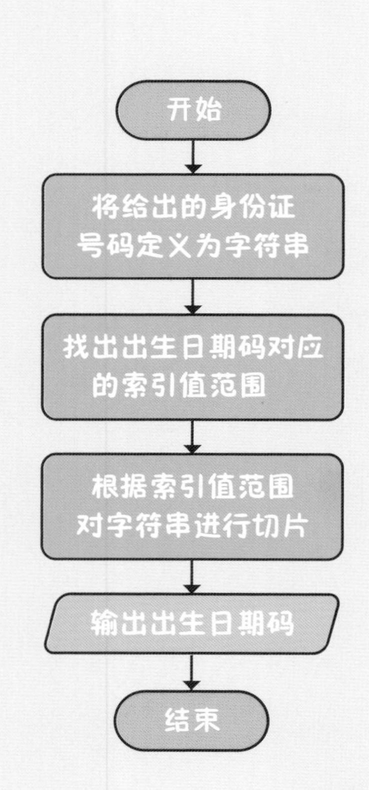

天才实验室

编程实现

```
1  IDCARD = "123456200808087890"
2  x = IDCARD[6]
3  print("x的值不是2，索引值必定错误",x)
4  y = IDCARD[13]
5  print("x的值不是8，索引值必定错误",y)
6  print("对应的出生日期码为：",IDCARD[6:14])
7
```

这一部分是为了防止我们所找的索引值范围出现错误，可以省略

截取范围的第一个数字表示开始的位置，第二个数字表示结束的位置，但不包括该位置

运行结果

x 的值不是 2，索引值必定错误 2
x 的值不是 8，索引值必定错误 8
对应的出生日期码为： 20080808

万能图书馆

答疑解惑

字符串切片是指从字符串中截取部分需要的字符串组成新的字符串，被切片的字符串并没

有任何的改变，语法格式如下：

```
str[ 起始编号 : 结束编号 ]
```

该语句表示从起始编号处开始截取，到结束编号的前一位截止。

知识充能

字符串切片可以设置步长，只需要在结束编号后再加一个冒号，写上需要设置的步长数即可，语法格式如下：

```
str[ 起始编号 : 结束编号 : 步长 ]
```

该语句表示从起始编号处开始，以指定步长进行截取，到结束编号的前一位结束。如果没写步长，则默认步长为 1。

以 str="www.qfedu.com" 为例来展示常见的字符串切片操作。

切片操作	切片结果	切片描述
print(str[4:9])	qfedu	从字符索引编号4到8截取
print(str[4:9:2])	qeu	从字符索引编号4到8截取，步长为2
print(str[−9:−4])	qfedu	从字符索引编号−5到−9截取
print(str[−9:−4:2])	qeu	从字符索引编号−5到−9截取，步长为2
print(str[:])	www.qfedu.com	截取整个字符串
print(str[:9])	www.qfedu	从字符索引编号0到8截取
print(str[4:])	qfedu.com	从字符索引编号4开始截取到最后
print(str[:−9])	www.	从第一个字符到索引为−10的字符截取
print(str[−4:])	.com	从索引为−4的字符开始截取到最后一个字符
print(str[::−2])	mcueqww	从后往前，步长为2依次截取

1. 阅读程序写结果

```
str="qianfeng"
print(str[3:7])
```

输出：________________________

2. 编写程序

一个词语或者句子正着读反着读完全一样，就叫做回文，试用字符串切片的方法编写程序来判断用户输入的字符串是不是回文字符串。

第32课 便捷的输入

字符串的大小写转换

扫码看视频

每次考试后，老师都会将学生的考试成绩放在一个网站中保存。学生想要知道自己的分数，只需要登录这个网站，输入自己名字的拼音就可以快速查到自己的分数。但是有一个问题令小千很苦恼，就是在输入名字的拼音时，经常因为大小写的问题多次输入错误，因此小千考虑是否可以优化程序来避免因大小写输入错误而多次输入的问题。

明确目标 编写一个程序，实现输入不区分大小写的功能。

能够登录网站的首要前提是把名字的拼音拼正确，然后再考虑大小写的问题。假设当初小千设定账号的时候输入的是小写的“xiaoqian”，在登录时会不小心输入大写的字母，这时的账号就和原来小写的账号不同，无法进入网站。如果在小千输入账号后，可以将所有输入的字母都转换成小写，然后再和原来设定的账号进行对比，如果相等，即可顺利登录，那么就可以实现输入不区分大小写的功能。

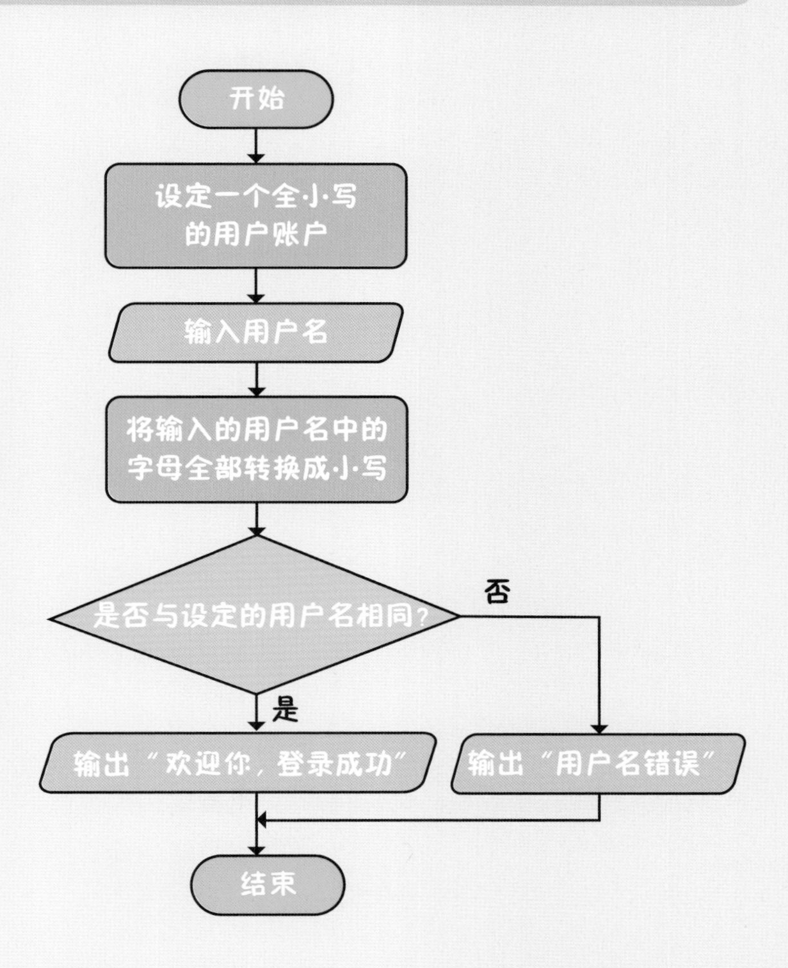

编程实现

```
1  name = "xiaoqian"
2  str = input("请输入你的名字全拼（不区分大小写）：")
3  if str.lower() == name:
4      print("欢迎你，登录成功")
5  else:
6      print("用户名错误")
7
8
```

将字符串中的所有大写字母转换成小写

运行结果

```
请输入你的名字全拼（不区分大小写）：XIAOQIAN
欢迎你，登录成功
```

```
请输入你的名字全拼（不区分大小写）：XiaoQian
欢迎你，登录成功
```

```
请输入你的名字全拼（不区分大小写）：xiaoFeng
用户名错误
```

万能图书馆

答疑解惑

下面是 Python 中字符串字母大小写转换的函数及其功能。

函数名	说明
upper()	将字符串中的所有小写字母转换成大写
lower()	将字符串中的所有大写字母转换成小写

知识充能

上述两种方法都返回一个新的字符串，如果字符串中包含非字母字符，则非字母字符保持不变。

```
1  str = "XiaoQian123"
2  str1 = str.upper()
3  str2 = str.lower()
4  print(str1)
5  print(str2)
6
```

其运行结果为：XIAOQIAN123

xiaoqian123

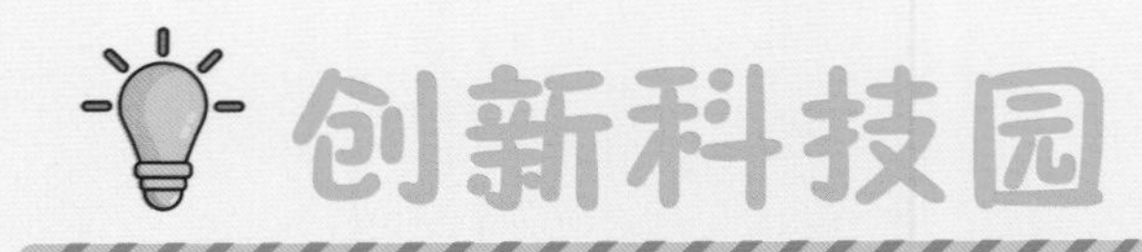

1. 阅读程序写结果

```
str="QiAn+feNG"
str=str.lower()
print(str)
```

输出：______________________

2. 编写程序

示例程序中，如果初始用户名为 name="XIAOQIAN"，那么该怎样更改程序呢？

第33课

合格的密码

每课一问？

怎样用程序验证一个密码是否安全呢？

如今的社会，人们都需要用密码将自己的隐私和财产保护起来，如果密码设置得过于简单，就会有很高的被盗风险。一旦密码被盗，可能会对个人及家人朋友的利益造成损害，因此一个合格的密码能够有效地保护我们自身的利益，这里小千建议在设置密码的时候注意以下几点：

（1）不要使用过于简单的密码，如“111”“abc”等。

（2）不要使用自己的公开信息作为密码，如生日、电话、用户名等。

（3）最好使用数字、字母、特殊符号等的组合来作为自己的密码。

明确目标 编写一个程序，判断用户设置的密码是否足够安全。

假设设置的密码至少要包含数字和字母才算安全，那么就要判断用户输入的密码中是否包含数字和字母，如果包含，就告诉用户，这个密码合格，并输出这个密码；否则告诉用户，密码不合格，需要重新输入，直到密码合格为止。

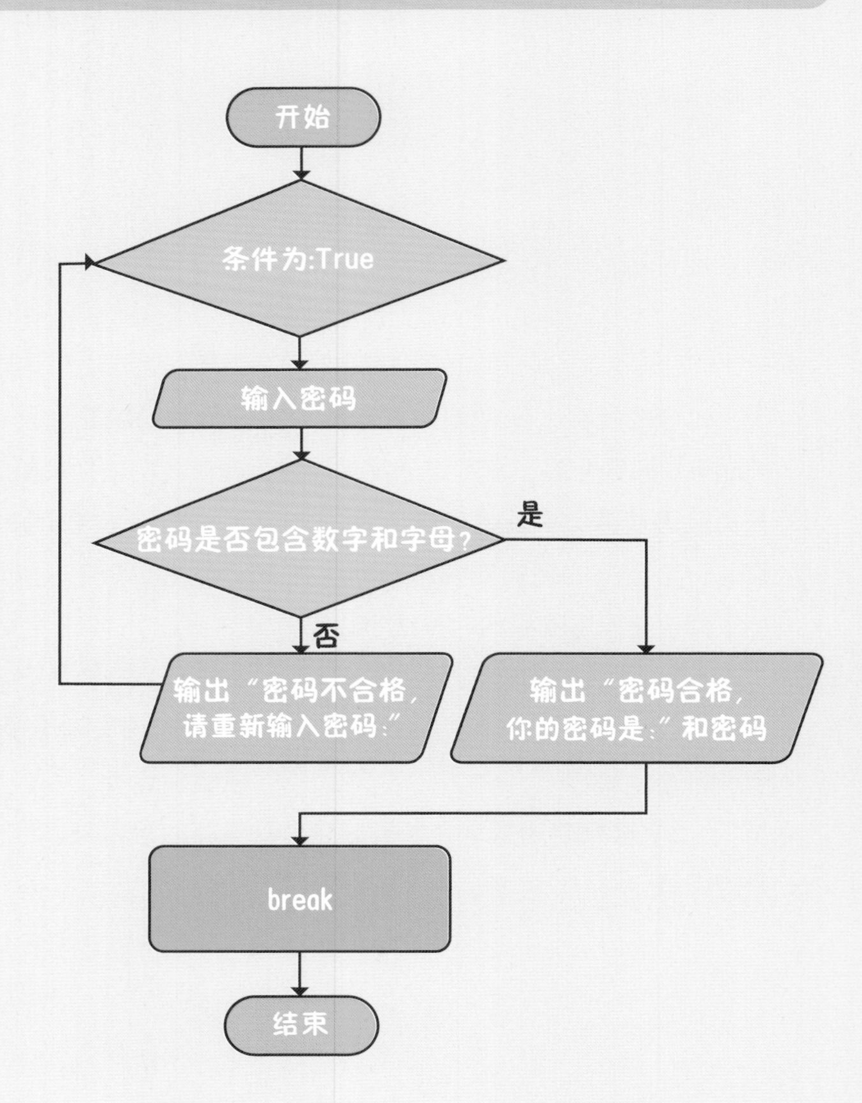

编程实现

```
1  while True:
2      pwd = input("请输入你的密码（必须包含数字和字母）：")
3      if pwd.isalnum() and (not pwd.isalpha()) and (not pwd.isdigit()):
4          print("密码合格，你的密码是：",pwd)
5          break
6      else:
7          print("密码不合格，请重新输入密码：")
8
9
```

判断密码中是否含有数字和字母

运行结果

请输入你的密码（必须包含数字和字母）：123
密码不合格，请重新输入密码：
请输入你的密码（必须包含数字和字母）：abc
密码不合格，请重新输入密码：
请输入你的密码（必须包含数字和字母）：123abc
密码合格，你的密码是： 123abc

万能图书馆

答疑解惑

Python 提供了许多判断字符串中是否包含某些字符的函数，运用这些函数处理用户输入的字符串非常方便高效。

函数名	说明
isupper()	如果字符串中包含至少一个区分大小写的字符，并且所有这些（区分大小写）字符都是大写，则返回True，否则返回False
islower()	如果字符串中包含至少一个区分大小写的字符，并且所有这些（区分大小写）字符都是小写，则返回True，否则返回False
isalpha()	如果字符串中至少有一个字符并且所有字符都是字母，则返回True，否则返回False
isalnum()	如果字符串中至少有一个字符并且所有字符都是字母或数字，则返回True，否则返回False
isdigit()	如果字符串中只包含数字，则返回True，否则返回False
isspace()	如果字符串中只包含空格，则返回True，否则返回False
istitle()	如果字符串是标题化的，则返回True，否则返回False

知识充能

示例代码中的第 3 行代码分析：首先用 isalnum() 函数确定输入的密码中全都是字母或者数字，满足了这个条件后，用 isdigit() 函数排除全都是数字的情况，用 isalpha() 函数排除全都是字母的情况，最后符合条件的就只有既有数字也有字母这一种情况。

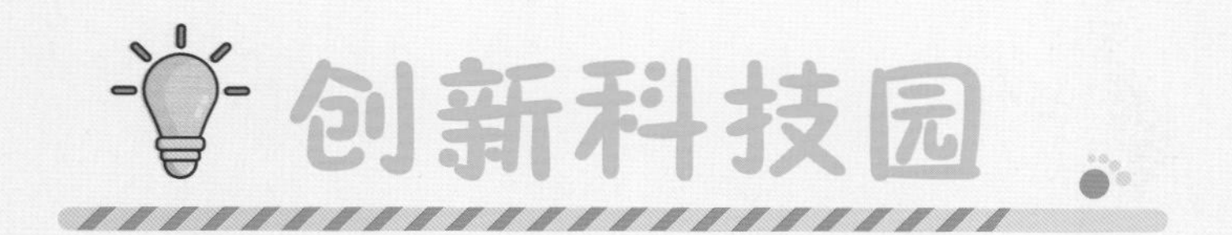

1. 阅读程序写结果

```
print("xiaoqian 今年 12 岁 ".islower())
print("xiaoqian666".isdigit())
print("xiaoqian666".isalnum())
```

输出：________________________

____

____

2. 编写程序

如果密码的设置要求必须包含字母和数字，并且字母要全部大写密码才合格，如何实现？

第34课 优秀学生评选

每课一问？

老师要根据班级所有同学的考试情况挑选出可以获得优秀学生称号的人，费时费力，而且不小心就会出错，有没有什么好的办法可以帮助老师呢？

班级每个学期末都会评选优秀学生，想要获得优秀学生的称号，必须在这个学期内 5 次考试成绩等级连续 3 次获得 A 等，且不能出现 C 等。例如，小千本学期 5 次考试成绩为 ABAAA，那么小千就可以获得优秀学生的称号，小锋本学期 5 次考试成绩为 AAAAC，就不能获得优秀学生的称号。

扫码看视频

问题研究所

明确目标 编写程序，根据输入的 5 次学生考试等级判断该学生是否可以获得优秀学生称号，并输出判断结果。

遇到这种需要大量检测和判断的事情，不会累又计算精准的计算机是最好的帮手，针对用户输入字符串的情况，首先要判断是否是正常输入，如果是正常输入，则查询输入的字符串中是否含有 C 和 AAA，然后根据查询结果判断该学生是否能获得优秀学生的称号；如果不是正常输入，则提醒用户输入要规范。

编程实现

```
1  name = input("请输入学生的名字：")
2  s = input("请输入本学期该学生5次成绩等级：")
3  ss = s.upper()
4  m = ss.find("AAA")
5  n = ss.find("C")
6  if (ss.count("A") + ss.count("B") + ss.count("C")) == 5:
7      if m != -1 and n == -1:
8          print("恭喜"+name+"获得优秀学生称号！")
9      else:
10         print(name + "请继续努力！")
11 else:
12     print("输入不规范")
13
```

查询“AAA”在字符串中的索引值

查询“C”在字符串中的索引值

判断是否含有“AAA”且不含“C”

判断是否正确输入5个只含ABC的字符

运行结果

请输入学生的名字：小千
请输入本学期该学生 5 次成绩等级：AbaAA
恭喜小千获得优秀学生称号！

请输入学生的名字：小锋
请输入本学期该学生 5 次成绩等级：AAaAC
小锋请继续努力！

```
请输入学生的名字：明明
请输入本学期该学生 5 次成绩等级：ABcdE
输入不规范
```

万能图书馆

答疑解惑

find() 函数用来查找子字符串在母字符串指定范围（默认是整个字符串）中首次出现的索引值，如果不存在则返回 -1。

count() 函数用来统计子字符串在母字符串中出现的次数，如果不存在就返回 0。在示例程序中用 count() 函数分别统计出字母 A、B、C 出现的个数，总个数为 5，表明用户正常输入 5 个等级。

知识充能

ss=s.upper() 语句将用户输入的字母等级统一为大写字母，目的是简化判断条件，不用再次列举可能出现的大小写字母输入的情况。

1. 阅读程序写结果

```
str = "1000phone"
print(str.find("00h"))
print(str.find("p"))
print(str.cout("0"))
```

输出：______________________

2. 编写程序

编写程序，判断用户输入的 3 个数字是否都是由 0 和 1 组成的，如果不是就一直提示用户输入，直到正确为止。

第35课 古代录取通知书

每课一问？

一个考生名叫陈干，想知道中举的告示里有没有自己的名字，你能用Python编写一个小程序帮助他查询吗？

扫码看视频

现在大学的录取通知书都做得十分精美，那你知道在古代中了科举的人，他们的录取通知书是怎样的吗？金榜题名是古时读书人梦寐以求的，如果一个村出了一个状元，很快这个村就会被全国所熟知。一般那些中榜人的名字会在一张告示中被张贴出来，想要知道自己到底有没有中举，去看一看就知道了，这张告示就相当于现在的录取通知书。

问题研究所

明确目标 编写一个程序，从一张告示中查询是否含有“陈千”这个名字，并输出查询结果。

在数量规模很大的字符串中寻找某个特定的字符，如果靠人工是很费时费力的一件事，用程序查找，不仅快速，而且准确。利用 Python 中查询特定字符串的方法就可以轻松解决这个问题。

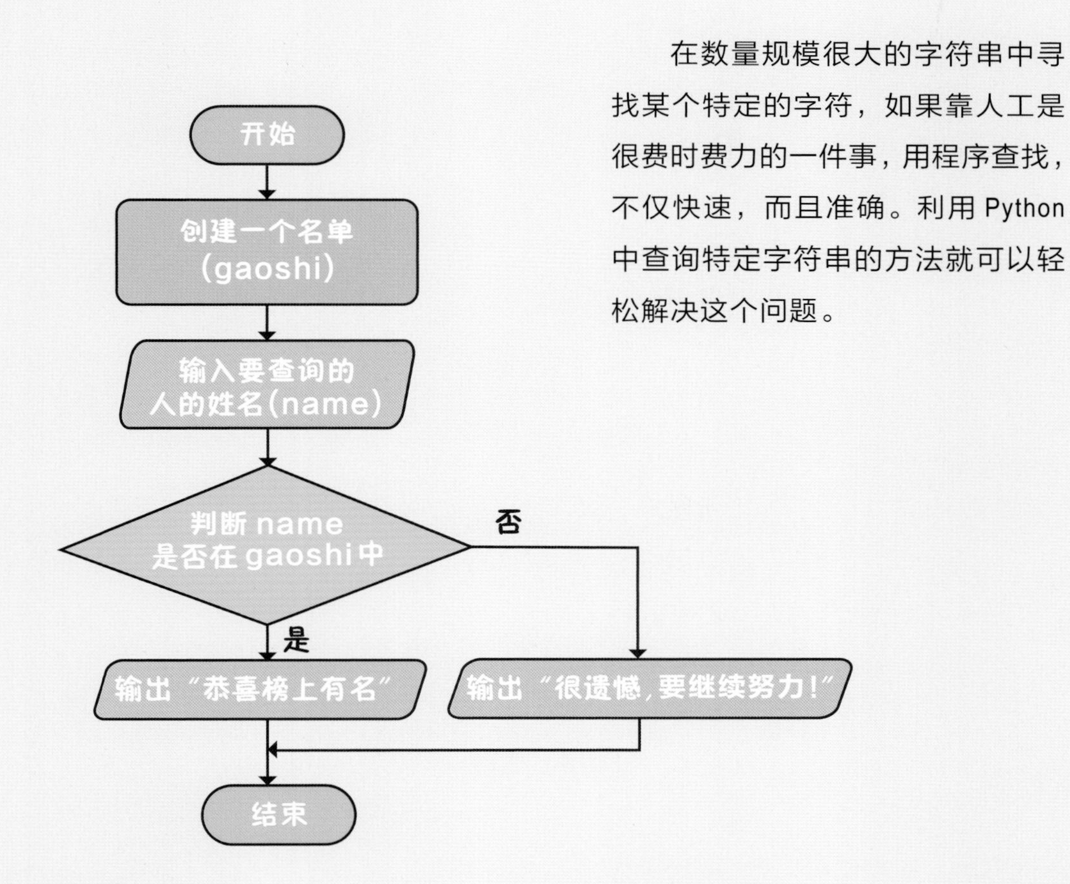

天才实验室

编程实现

```
1  gaoshi = "中举的人有：赵千、钱锋、孙教、陈千、李四、王育……"
2  name = input("请输入要查询的姓名：")
3  if name in gaoshi:
4      print("恭喜"+name+"榜上有名！")
5  else:
6      print("很遗憾"+name+"要继续努力！")
7
```

字符串成员查询操作

运行结果

```
请输入要查询的姓名：陈千
恭喜陈千榜上有名！
```

```
请输入要查询的姓名：小千
很遗憾小千要继续努力！
```

万能图书馆

答疑解惑

Python 语言中，in 操作可以方便地查找出一个字符串是否存在于另一个字符串中。方法是

str1 in str2 或 str1 not in str2，判断结果只有 False 和 True 两种情况。

知识充能

Python 中用于查找字符串的方法有很多，除了先前介绍过的 find()、count()、in 操作外，还有 rfind()、index()、rindex()。

函数名	说明
str.find(str1)	查找，返回str1在str中首次出现的索引值；若找不到，返回−1
str.rfind(str1)	查找，返回str1在str中最后一次出现的索引值；若找不到，返回−1
str.index(str1)	查找，返回str1在str中首次出现的索引值；若找不到，程序报错
str.rindex(str1)	查找，返回str1在str中最后一次出现的索引值；若找不到，程序报错
str.count(str1)	计数，返回str1在str中的个数

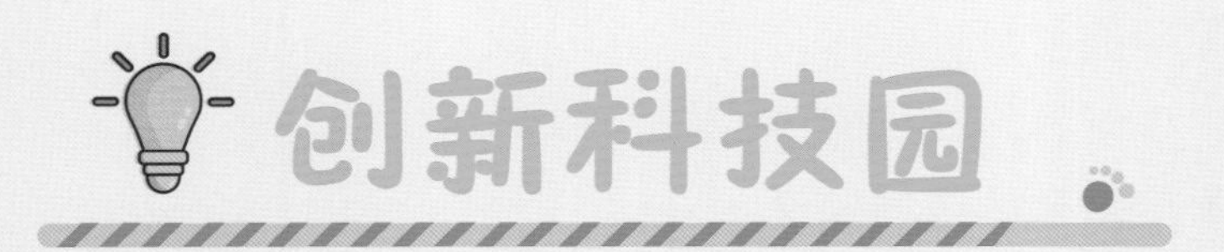

1. 阅读程序写结果

```
str="1000phoneedu"
print("ph" in str)
```

输出：______________________

2. 编写程序

今天学校食堂的早餐有鸡蛋、包子、豆浆、油条、豆腐脑。编写一个程序，判断早上学校食堂有没有面条，并输出判断结果。

第 36 课

"能猫"变熊猫

每课一问？

相同的错误出现了很多次，一个个地改容易漏掉还浪费时间，有什么好的办法吗？

上周小千带着自己的表弟去四川动物园观看了可爱的大熊猫，表弟十分喜欢大熊猫，于是回到家写了一篇日记来纪念这难忘的一天。表弟写完日记高兴地拿给小千看，日记的内容是"今天终于看见可爱的大能猫了，它们都好可爱，这里有好多只，我来数一数，一只能猫，两只能猫，三只能猫……"。小千发现，表弟错将所有的"熊猫"写成了"能猫"，真是哭笑不得。

扫码看视频

明确目标 编写一个程序，将小千表弟日记中所有的“能猫”替换成“熊猫”，并输出替换后的结果。

一整篇的日记相当于一个比较长的字符串，利用 Python 中字符串替换的方法就可以轻松解决这个问题。

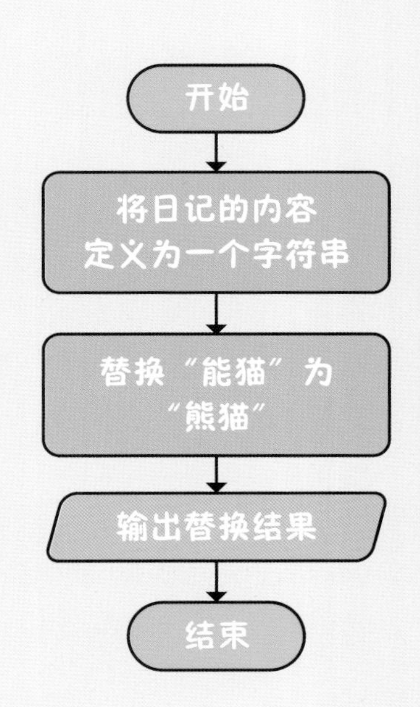

天才实验室

编程实现

```
1  str = """今天终于看见可爱的大能猫了，它们都好可爱，这里
2  有好多只，我来数一数，一只能猫，两只能猫，三只能猫……"""
3  str = str.replace("能猫","熊猫")
4  print(str)
5
```

长字符串可用三引号引起来

将“能猫”替换成“熊猫”

运行结果

今天终于看见可爱的大熊猫了，它们都好可爱，这里
有好多只，我来数一数，一只熊猫，两只熊猫，三只熊猫……

万能图书馆

答疑解惑

replace() 函数可以将字符串中已包含的字符串替换成另一个字符串，需要注意的是，被替换的字符串要放在前面，新的字符串放在后面，格式为：str.replace(old,new)。

知识充能

replace() 函数可以指定替换次数，格式为：str.replace(old,new[,max])，如果指定了第三个参数 max，则表示替换不超过 max 次。比如 str.replace(" 能猫 "," 熊猫 ",2)，表示从开始寻找，将“能猫”替换成“熊猫”两次。

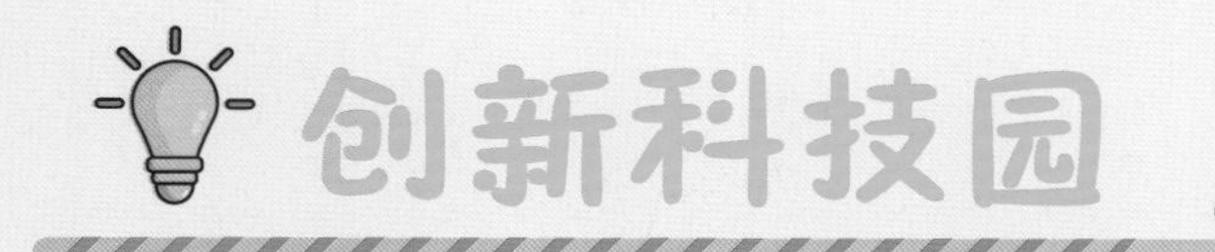

1. 阅读程序写结果

```
str=" 动物园里有好多猴子，一只猴子，两只猴子，三只猴子……"
str=str.replace(" 猴子 "," 狮子 ",2)
print(str)
```

输出：______________________

2. 编写程序

str=" 星期一周二周三周四周五周六星期天 "，用程序将 str 中的“星期一”替换成“周一”，“星期天”替换成“周日”。

第37课 信息泄漏

字符串根据规则替换

每课一问

有什么办法可以帮助芳芳隐藏那些关键的信息呢?

扫码看视频

芳芳最近总是收到各种骚扰电话和骚扰短信，严重影响了她的正常生活。通过调查发现，这是芳芳在租房时个人信息被不小心泄漏造成的，泄漏的信息为“芳芳今年 18 岁，她的电话号码是 10123456789，身份证号是 412345200206132519，现居住在花园小区 18 号楼 1 单元 101。”泄漏的信息被人恶意应用，因此芳芳收到了许多骚扰信息。为了不被打扰，芳芳只好更换了手机号码，并开始注意保护自己的个人信息。

问题研究所

明确目标 编写一个程序，将芳芳个人信息中的数字信息全部替换成“*”，达到保护个人信息的目的，并输出替换后的结果。

通过观察可以发现，比较重要的个人信息都是由数字组成的，而这些数字又是没有规律的，一个一个地去替换，容易出错还费时费力。如果可以有一个替换的规则，只要遇见数字就把它自动替换成“*”则可轻松解决问题。

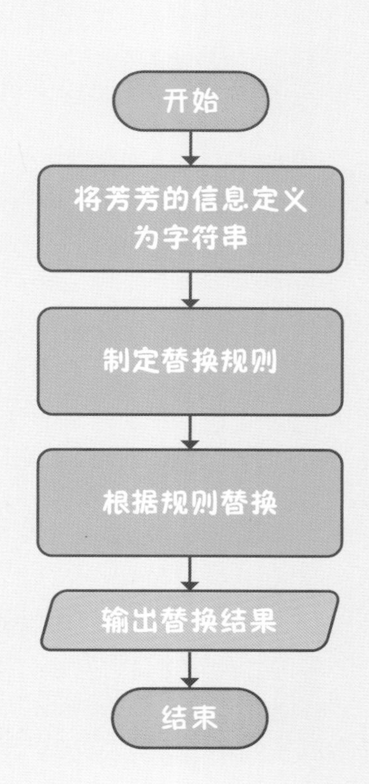

编程实现

```
1  str1 = """芳芳今年18岁，她的电话号码是10123456789，
2  身份证号是412345200206132519，现居住在花园小区18
3  号楼1单元101。"""
4  str2 = str1.maketrans("0123456789","**********")
5  str = str1.translate(str2)
6  print(str)
7
```

制定将数字替换成“*”的规则

根据制定的规则进行替换

运行结果

芳芳今年 ** 岁，她的电话号码是 ***********，
身份证号是 ******************，现居住在花园小区 **
号楼 * 单元 ***。

答疑解惑

replace() 函数适合替换单个字符串，若想按照某一规则替换多个字符串，可以搭配使用

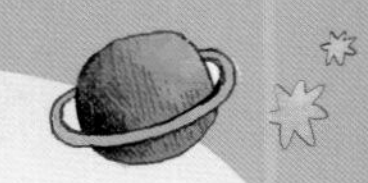

maketrans() 函数和 translate() 函数。maketrans() 函数可以创建替换的规则，translate() 函数可以根据 maketrans() 函数制定的规则同时替换多个字符串。

格式：str0=str.maketrans(str1,str2)

str123.translate(str0)

功能：str0 的规则是按照对应位置用 str2 中的字符代替 str1 中的字符（str1 和 str2 长度相同）；将字符串 str123 按 str0 的规则替换字符。

知识充能

如果想要按照某一规则替换字符的同时删除一些字符，只需要在 maketrans() 函数制定的规则后再添加上需要删除的字符即可。

str0=str.maketrans(str1,str2,str3)

str3 代表需要删除的字符。

1. 阅读程序写结果

```
str1='零壹肆壹叁零壹肆零伍贰壹玖肆零伍零'
str2=str.maketrans('零壹贰叁肆伍陆柒捌玖','0123456789','壹贰伍')
print(str1.translate(str2) )
```

输出：________________

2. 编写程序

str1="**小*千***和*小**锋*是*好*朋*友*"，编写程序，把 str1 中的“*”全部去掉。

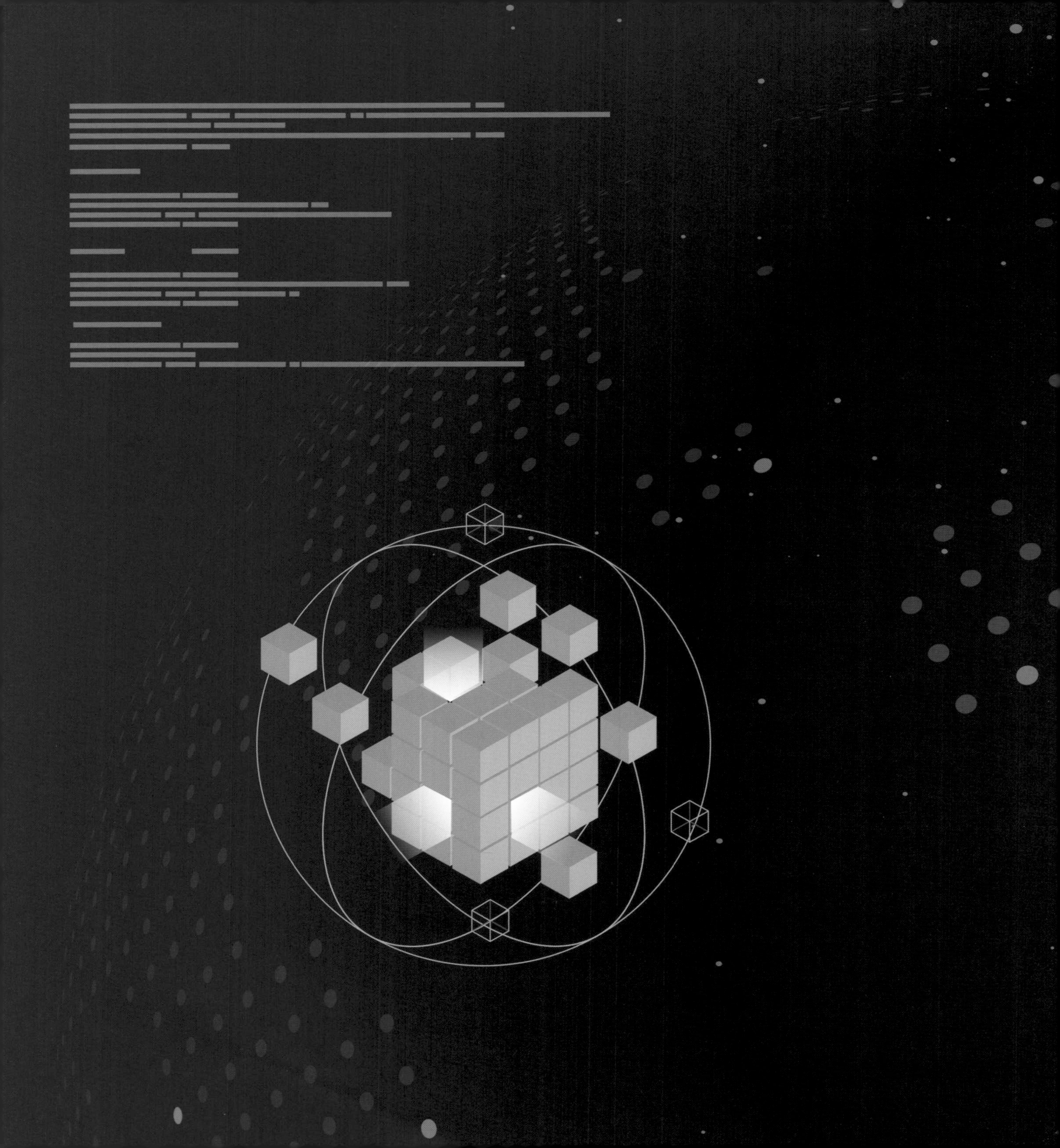

7 清晰明了的数据结构

随着编程知识的增长，我们可以运用程序解决一些比较复杂的问题了。与此同时，我们所编写的程序变得越来越复杂，程序中所需要的变量也越来越多，我们不得不考虑将一系列的字符串或者数字信息集中存储在一起，以便于用序列的方式来管理和组织，这就是我们在本章中要学习的数据结构——列表、元组和字典。

第38课 创建菜单

为了节约学生吃饭排队的时间，学校食堂又新开了一个窗口，听说这个窗口饭菜十分可口，小千也想去尝一尝，放学后小千去食堂吃饭，远远地就看见贴在新窗口旁边的菜单，主食有米饭、面条、馒头；炒菜有宫保鸡丁、鱼香肉丝、酸辣土豆丝；汤类有紫菜蛋花汤、西红柿鸡蛋汤、排骨玉米汤；招牌菜有北京烤鸭、清蒸鲤鱼、辣子鸡。其中好多都是小千爱吃的，肚子饿得咕咕叫的小千已经不自觉地咽起了口水。

扫码看视频

明确目标 编写一个程序，记录食堂新开窗口菜单中饭菜的名称，并以列表的形式输出在屏幕上。

生活中经常会用列表的形式来记录东西，比如菜单、课程表、节目表等。它们有一个共同的特点，就是会按照一个特定的分类将具有相同特质的元素存放在一起，以便于我们查询和使用。在 Python 中，同样也可以使用列表的形式来存储数据。观察案例中的菜单，分别有主食、炒菜、汤类、招牌菜四大类，每一类都可以用一个列表来存储，因此只需利用程序创建 4 个列表来存储这些数据就可以了。

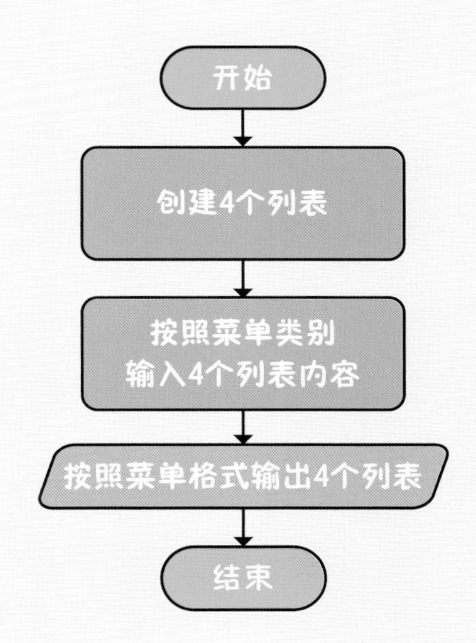

编程实现

```
1  zhushi = ["馒头","米饭","面条"]
2  chaocai = ["宫保鸡丁", "鱼香肉丝", "酸辣土豆丝"]
3  tang = ["紫菜蛋花汤", "西红柿鸡蛋汤", "排骨玉米汤"]
4  zhaopai = ["北京烤鸭", "清蒸鲤鱼", "辣子鸡"]
5  print("主食: ",zhushi)
6  print("炒菜: ",chaocai)
7  print("汤类: ",tang)
8  print("招牌: ",zhaopai)
9
```

创建4个列表，注意观察列表的格式

输出4个列表

运行结果

```
主食：['馒头','米饭','面条']
炒菜：['宫保鸡丁','鱼香肉丝','酸辣土豆丝']
汤类：['紫菜蛋花汤','西红柿鸡蛋汤','排骨玉米汤']
招牌：['北京烤鸭','清蒸鲤鱼','辣子鸡']
```

万能图书馆

答疑解惑

列表与字符串一样也是一种序列，可以使用列表来存放任意类型的元素。列表 list 是用方括号 [] 括起来的数据类型，具体格式如下：

```
列表名 =[ 元素 1, 元素 2, 元素 3,…]
```

知识充能

创建的列表需要使用 print() 语句打印才能在运行时显示，并且在打印时一个列表的所有元素都会用 [] 括起来。

列表可以为空，空列表中没有任何元素，例如：list=[]。

1. 下列程序有两处错误，找到并改正。

list=[" 语文 ",0,"0"," 数学 ',qianfeng]

2. 编写程序

试编写一程序，用列表输出你周一到周五的课程表。

第39课 奖励自己

上午公布了上周的考试成绩，小千获得了班级第一名的好成绩，非常开心，前一段时间的努力学习果然有了效果，这次必须好好奖励自己一下。刚好小千的肚子很饿，想起了食堂新开的那个窗口（见上节课），于是决定去好好吃一顿当作给自己的奖励。

放学后小千来到了这个窗口，要了一份米饭、一份酸辣土豆丝、一份紫菜蛋花汤和一份辣子鸡。饭菜很快就盛好了，小千开心地吃了起来，结果吃饱了还剩下很多，为了不浪费，小千决定将吃剩的饭菜打包回家。

明确目标 编写一个程序，在菜单列表中选出小千点的饭菜并输出。

上节课，我们已经将菜单按照列表的形式打印了出来，现在需要选出菜单中指定的饭菜。要准确地选出指定的饭菜，就必须知道所要找的饭菜在列表中的位置，这个时候就需要用到索引。类比字符串索引的相关知识我们可以知道，程序中索引是从 0 开始的，根据索引确定饭菜在列表中的位置，然后找到并打印出来就可以了。

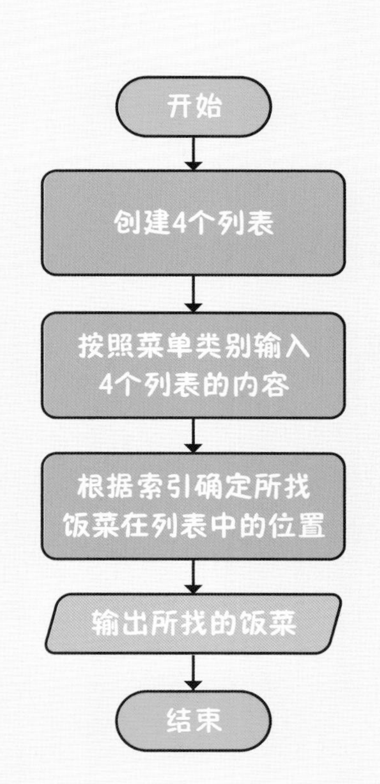

天才实验室

编程实现

```
1  zhushi = ["馒头", "米饭", "面条"]
2  chaocai = ["宫保鸡丁", "鱼香肉丝", "酸辣土豆丝"]
3  tang = ["紫菜蛋花汤", "西红柿鸡蛋汤", "排骨玉米汤"]
4  zhaopai = ["北京烤鸭", "清蒸鲤鱼", "辣子鸡"]
5  print("主食要：",zhushi[1])
6  print("炒菜要：",chaocai[2])
7  print("汤类要：",tang[0])
8  print("招牌菜要：",zhaopai[2])
9
```

根据索引找出所找饭菜的位置并输出

运行结果

```
主食要： 米饭
炒菜要： 酸辣土豆丝
汤类要： 紫菜蛋花汤
招牌菜要： 辣子鸡
```

万能图书馆

答疑解惑

列表就好比是一个带有编号的储物柜，储物柜里存放的物品对应着每个元素，通过编号就

能查找到对应的元素，这个编号就相当于列表的索引。

列表的索引方式和字符串一样，从 0 开始，有正向索引和反向索引两种。

知识充能

修改列表元素的语法与访问列表元素的语法类似，即 list[i]=" 修改后的值 "。例如，修改主食列表中的“米饭”为“包子”。

```
1 zhushi=[" 馒头 ", " 米饭 ", " 面条 "]
2 zhushi[1]=" 包子 "
3 print(zhushi)
4
```

输出结果为：

```
[' 馒头 ',' 包子 ',' 面条 ']
```

获取列表中连续的一段元素只需指定起始和结束的位置即可，需要注意的是，只打印显示一个列表元素，即一个字符串；如果获取一段元素，相当于截取了原列表的一部分，也是一个列表，这两种结果的输出形式是不一样的。以输出主食列表中的“米饭”和连续输出主食列表中的“馒头”和“米饭”为例。

```
1 zhushi=[" 馒头 ", " 米饭 ", " 面条 "]
2 print（zhushi[1]）
3 print（zhushi[0:2]）
4
```

输出结果为：

```
米饭
['馒头','米饭']
```

1. 完善程序

list=[" 中国 "," 美国 "," 日本 "]

____

print(list)

输出：list=[" 中国 "," 英国 "," 日本 "]

2. 编写程序

根据上节课所编写的课程表，利用程序查询周二的第2节课和周五的第4节课。

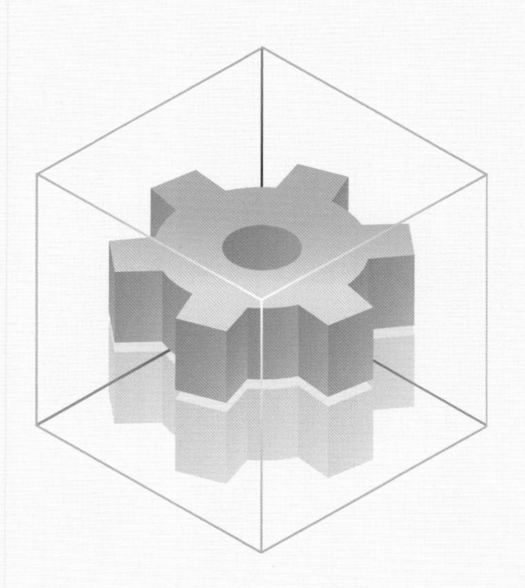

第 40 课

神奇的蔬菜大棚

每课一问

如果把大棚中已有的蔬菜当作一个列表中的所有元素，那么怎样才能在这个列表中添加新的蔬菜元素进去呢？

为了让人们在各个季节都能吃上新鲜的蔬菜，小千所在的小镇新建了一个蔬菜大棚。在蔬菜大棚里种蔬菜不用担心季节的问题，即使在寒冷的冬天也能收获新鲜的蔬菜。目前大棚里面种植了 4 种蔬菜：白菜、菠菜、黄瓜、西兰花，应人们的要求，大棚蔬菜的种植人员决定再增加 3 种蔬菜，这 3 种蔬菜分别是西红柿、胡萝卜和冬瓜。

明确目标 编写一个程序，输入新的蔬菜名称添加到大棚蔬菜的名单列表中，并统计出添加后大棚蔬菜的种类和数目。

将原来大棚蔬菜的名单当成一个列表，添加新的蔬菜名称到这个列表中，在程序中相当于在列表中添加新的元素，利用 append() 函数可以将新输入的名字追加到列表的末尾。考虑到要添加多个元素到列表中，用循环的方法实现更为方便。

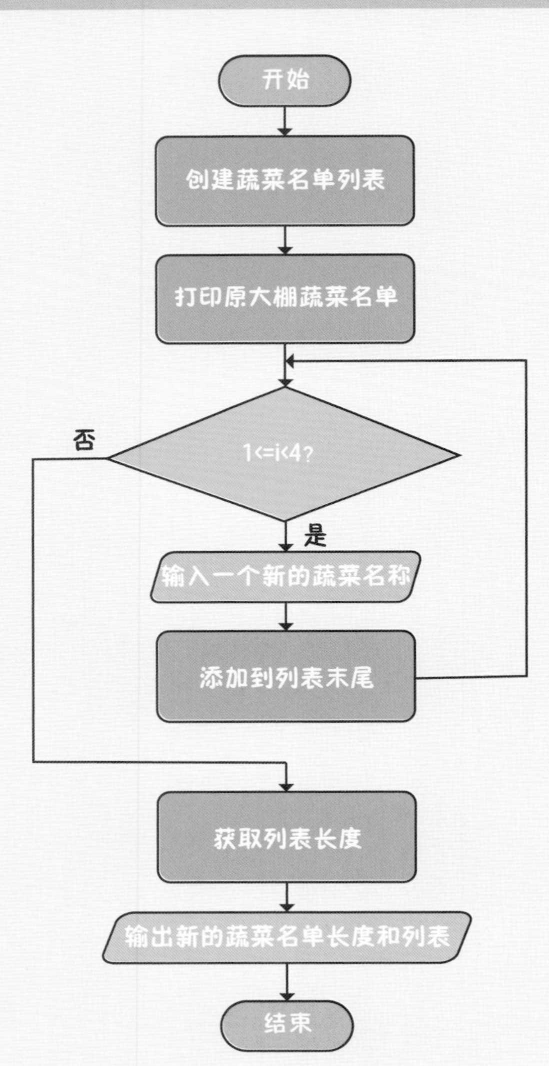

编程实现

```
1  dapeng = ["白菜","菠菜","黄瓜","西兰花"]
2  print("大棚中原有蔬菜的名单：",dapeng)
3  for i in range(1,4):
4      print("请输入第",i,"种蔬菜的名称：")
5      newname = input()
6      dapeng.append(newname)
7  n = len(dapeng)
8  print("现有的蔬菜种类：",n)
9  print("新的蔬菜名单：",dapeng)
10
```

在原列表末尾添加新的元素

返回列表中元素的个数

运行结果

大棚中原有蔬菜的名单：['白菜','菠菜','黄瓜','西兰花']
请输入第 1 种蔬菜的名称：
西红柿
请输入第 2 种蔬菜的名称：
胡萝卜
请输入第 3 种蔬菜的名称：
冬瓜
现有的蔬菜种类：7
新的蔬菜名单：['白菜','菠菜','黄瓜','西兰花','西红柿','胡萝卜','冬瓜']

答疑解惑

len() 函数用来返回列表中元素的个数，在本示例中用来统计蔬菜的种类。

知识充能

向列表中添加元素的方法除了使用 append() 函数，还可以使用 extend() 函数和 insert() 函数，下面给出它们在程序中的使用格式和作用。

方法	格式	作用
append()	list.append(value)	在列表末尾添加单个元素
extend()	list.extend(value)	在列表末尾添加多个元素
insert()	list.insert(index,value)	在列表的指定位置插入元素

1. 阅读程序写结果

```
name=[]
name.append(" 小千 ")
name.extend([" 小锋 "," 小教 "])
name.insert(2," 小育 ")
print(name)
```

输出：________________________

2. 找出下列程序中的两处错误并改正

```
list1=[1,2,3]
list1.append(4)
list1.extend(5,6)
list1.insert(7)
print(list1)
```

第 41 课

编程创意大赛评分

为了激发学生的编程兴趣，学校组织了一场编程创意大赛，参加比赛的学生需要根据大赛的题目通过编程在规定的时间内完成一个有趣的作品，然后将作品向大家展示并讲解。最后由 7 位评委老师给参赛者打分，去掉一个最高分和一个最低分，剩下 5 个评分的平均值就是该选手的最终得分。小千展示了自己的作品后，7 位评委给小千的打分是 88、95、93、98、72、79、86。

明确目标 编写一个程序，找出小千获得的最高分和最低分，并打印出小千的最终得分。

计算小千的最终得分，需要先找到并删除 7 个评分中的最高分和最低分，然后求出剩下 5 个分数的平均分。

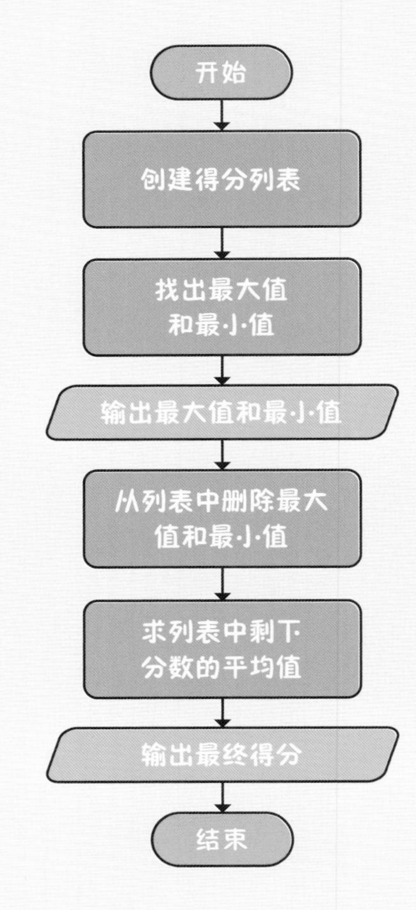

编程实现

```
1  score = [88,95,93,98,72,79,86]
2  a = max(score)          # 找到列表中最高的分数
3  b = min(score)          # 找到列表中最低的分数
4  print("去掉一个最高分",a)
5  score.remove(a)         # 删除列表中最高的分数
6  print("去掉一个最低分",b)
7  score.remove(b)         # 删除列表中最低的分数
8  average = sum(score)/len(score)   # 计算最终得分
9  print("小千的最终得分：",average)
10
```

运行结果

去掉一个最高分 98
去掉一个最低分 72
小千的最终得分： 88.2

万能图书馆

答疑解惑

remove() 函数可以直接删除列表中指定的元素。如果指定的元素在列表中有多个，则只能删除第一个匹配的元素。

下面是示例程序中用到的相关函数及作用。

函数	作用
len(list)	返回列表list的长度
max(list)	返回列表元素中的最大值
min(list)	返回列表元素中的最小值
sum(list)	计算列表中所有数字的和

知识充能

删除列表中已有的元素除了可以使用 remove() 函数，还可以使用 pop() 函数和 del 语句，下面是它们在程序中的使用格式和作用。

方法	格式	作用
remove(str1)	list.remove(value)	删除指定的元素
del语句	del list[index]	根据索引位置删除元素
pop()	list.pop(index)	根据索引位置删除元素，无索引位置默认删除最后一个

1. 阅读程序写结果

```
name=[" 小千 "," 小锋 "," 小教 "," 小育 "]
name.remove(" 小千 ")
name.pop()
del name[0]
print(name)
```

输出：________________________

2. 编写程序

city=[" 北京 "," 上海 "," 郑州 "," 上海 "," 深圳 "," 上海 "," 海口 "," 北京 "]，删除列表中重复出现的城市名称，并输出打印最终城市名列表。

第 42 课 查询编程创意大赛成绩

每课一问

同学们都着急查询自己的成绩，你能设计一个程序帮助他们查询吗？

经过激烈的竞争，编程创意大赛圆满结束，评委组把参赛学生的姓名和最终得分上传到了学校官网上。

扫码看视频

姓名	分数
小千	88
小锋	85
小宇	91
小程	79
小阳	75
小倩	93
小强	68

明确目标 编写一个程序，输入学生的姓名即可查询到他的成绩。

分数出来上传到官网后，一般是不能修改的，因此应采用元组来创建参赛人员名单和对应的成绩单。用两个元组分别存放参赛选手的姓名和成绩，保证姓名和成绩的位置一一对应，以便于通过相同的索引来查找姓名和对应的成绩，最后不要忘记名字输入不正确的情况。

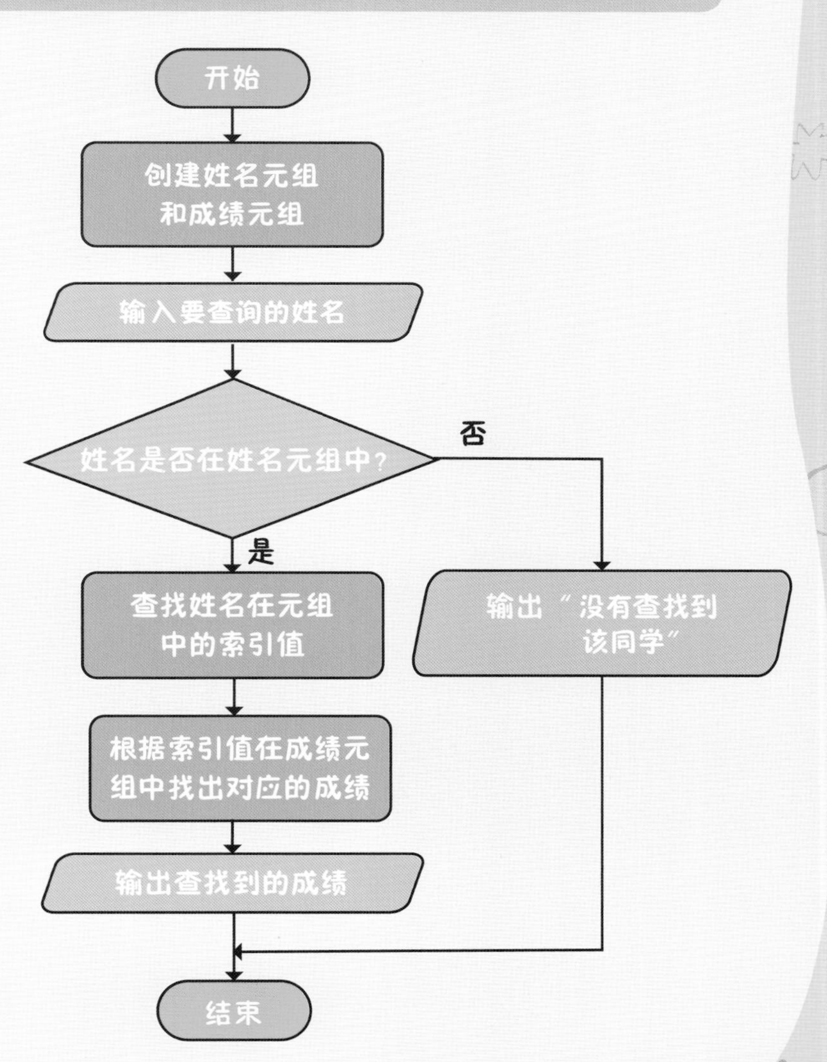

编程实现

```
1  names = ("小千", "小锋", "小宇", "小程", "小阳", "小倩", "小强")
2  scores = ("88", "85", "91", "79", "75", "93", "68")
3  n = input("请输入要查询同学的姓名：")
4  if n in names:
5      i = names.index(n)
6      print(n,"同学的成绩是：",scores[i])
7  else:
8      print("没有查找到该同学。")
9
```

元组的元素在小括号中

找出n在names元组中的索引

找出姓名对应位置的成绩

运行结果

请输入要查询同学的姓名：小千
小千 同学的成绩是： 88

请输入要查询同学的姓名：小鹏
没有查找到该同学。

万能图书馆

答疑解惑

元组与列表类似，不同之处在于元组只能查看，不能修改；在定义的时候，列表使用中括号，而元组使用小括号。

元组里的每个元素用逗号分隔，下标索引也是从 0 开始。空元组用 () 表示，当元组只包含一个元素时，则用（ x, ）表示，逗号不能省略。如果包含多个元素，末尾可以添加逗号，也可以不加。

知识充能

使用元组的 tuple() 函数可以将任意序列类型转换成元组。tuple() 函数的参数可以是字符串、列表等其他序列类型的数据结构，但只能有一个参数。

元组创建后，其中的元素是不允许修改的，如果要对元组进行修改，则需要先通过 list() 函数将元组转换成列表。

1. 思考题

请说一说元组和列表的区别与联系。

2. 编写程序

在示例程序中，如果名字输错了，就需要重新运行程序再执行查询。请尝试改进程序，通过循环让用户可以不断输入要查询的名字，直到输入 q 时退出。

第 43 课

期末考试成绩单

每课一问

如何利用程序将科目与成绩一一对应地存储起来，并且可以实现通过科目快速查找对应成绩的功能？

期末考试后，老师批改完试卷会将每个学生的所有科目成绩汇总到一张电子成绩单上，下面是小千今年的期末考试成绩单（每科满分 100 分）。

科目	成绩
语文	85
数学	98
英语	90
物理	73
化学	96
生物	92
政治	82
历史	69
地理	70

扫码看视频

明确目标 编写一个可以将科目与成绩一一对应存储起来的程序，并且能实现根据科目名称查找到对应成绩的功能。

列表和元组中的数据不能形成很直观的对应关系，而 Python 中字典的元素都是由键值对组成一一对应关系存储的，不仅直观而且查找起来非常方便，因此遇到这种问题时就可以创建一个字典来解决。

成绩单中，每一个科目都对应一个分数，我们把科目作为键，把相对应的分数作为该科目的值，这样就会得到一个映射表，然后利用查找字典元素的方法即可快速找到想要的信息。

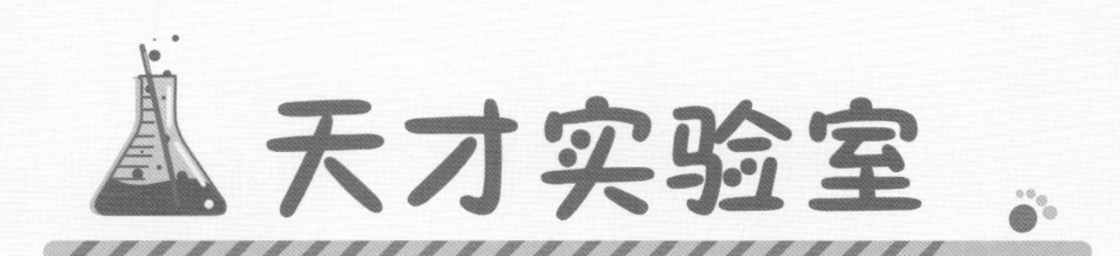

编程实现

```
1  scores = {"语文": 85, "数学": 98, "英语": 90,
2            "物理": 73, "化学": 96, "生物": 92,
3            "政治": 82, "历史": 69, "地理": 70}
4  print("小千的数学成绩：", scores["数学"])
5  print("小千的地理成绩：", scores["地理"])
6  print("小千的物理成绩：", scores["物理"])
7
```

字典中的元素以键值对的形式存在

通过科目名称（键）查找科目成绩（值）

运行结果

```
小千的数学成绩： 98
小千的地理成绩： 70
小千的物理成绩： 73
```

万能图书馆

答疑解惑

字典指的是用花括号“{}”括起来的一组数据，字典中的每个元素都是一个键值对，键值对由键和值组成，中间用冒号分隔，键值对之间用逗号分隔。

字典名 ={ 键 1: 值 1, 键 2: 值 2, 键 3: 值 3,…}

字典可以为空，为字典赋值时并不根据索引位置，而是根据键来赋值。

在字典中，可以直接根据键来查找对应的值，查找格式如下：

print(字典名 [键名])

知识充能

字典是一种可变容器数据类型，可以存储任意类型的对象。与元组和列表不同的是，字典的每个元素都有一个键和一个对应的值。

在字典中，键一般是唯一的，同一个键不允许出现两次，如果重复，则后一个值会替换前面的值。

在字典中查找元素的方法除了直接根据键来查找对应的值，还可以使用 get() 函数来查找，例如用 get() 函数查找小千的语文成绩的语句。

```
print(" 小千的语文成绩： ",scores.get(" 语文 "))
```

在实际使用中，建议使用 get() 函数方法，因为直接根据键来查找值，如果是字典中不存在的值，运行时代码会出错，导致后面的程序无法运行，而使用 get() 函数查找不存在的键时，只会返回 None 值，而不会导致错误。

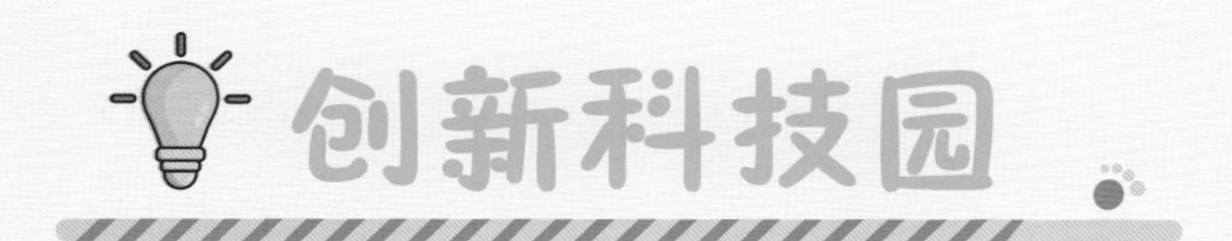

1. 程序纠错

下面的字典格式书写错误，请改正。

```
fav_sport = {
    " 小千 " = " 足球 "
    " 小锋 " = " 篮球 "
    " 小教 " = " 乒乓球 "
    " 小育 " = " 羽毛球 "
}
print(fav_sport)
```

2. 阅读程序写结果

```
score = {
    " 小千 ":"85",
    " 小锋 ":"86",
    " 小教 ":"82",
    " 小千 ":"90"
}
print(score[“ 小千 ”])
print(score.get(“ 小教 ”))
```

3. 编写程序

企鹅生活在南极，北极熊生活在北极，骆驼生活在沙漠，蟒蛇生活在丛林，请用字典的形式将动物名称和对应的生存环境存储起来，并利用查找输出“企鹅生活在：南极”。

4. 思考题

能不能根据字典中的值来查找对应的键呢?

第44课 整理名著书籍清单

每课一问

这张清单都有哪些错误？能否用程序来改正已经保存在字典中的数据？

语文老师让小千帮忙列一个中国古代名著的书籍清单，然后推荐给大家去阅读和分享。小千很快就列好了清单并用程序保存在一个字典中，然后将清单拿给老师看，老师发现清单中有些错误需要改正。下面是小千所列的书籍清单。

书籍名称	作者
《西游记》	吴承恩
《史记》	司马迁
《水浒传》	罗贯中
《三国演义》	施耐庵
《悲惨世界》	雨果
《本草纲目》	李时珍
《红楼梦》	曹雪芹

扫码看视频

明确目标 编写一个程序，找出小千存储在字典中的清单数据中的错误并改正。

书籍清单中的错误有两处：第一处是《水浒传》和《三国演义》的作者写反了；第二处是雨果的《悲惨世界》不属于中国古代名著。因为数据是保存在字典中的，所以需要对字典中的数据进行修改和删除。要实现目标，只需要掌握在字典中修改和删除数据的方法即可。

编程实现

```
1  list_books = {
2      "《西游记》": "吴承恩",
3      "《史记》": "司马迁",
4      "《水浒传》": "罗贯中",
5      "《三国演义》": "施耐庵",
6      "《悲惨世界》": "雨果",
7      "《本草纲目》": "李时珍",
8      "《红楼梦》": "曹雪芹",}
9  list_books["《水浒传》"] = "施耐庵"
10 list_books["《三国演义》"] = "罗贯中"
11 list_books.pop("《悲惨世界》")
12 print(list_books)
13
14
```

修改两本名著的作者

删除这本名著及其作者

运行结果

```
{‘《西游记》’：‘吴承恩’，‘《史记》’：‘司马迁’，‘《水浒传》’：‘施耐庵’，‘《三国演义》’：‘罗贯中’，‘《本草纲目》’：‘李时珍’，‘《红楼梦》’：‘曹雪芹’}
```

万能图书馆

答疑解惑

在字典中添加和修改元素的代码都是：dict[key]=value。如果 key 在字典中，则将字典中 key 所对应的值修改为 value；如果不存在，则将（key:value）添加到字典中。

知识充能

本课示例代码中删除元素用的是 pop() 函数，它在字典中的作用为：删除字典中给定键所对应的值。

除了 pop() 函数外，del 语句也能删除字典中的元素。本课示例中第 11 行代码可以用如下语句替换：del list_books["《悲惨世界》"]

创新科技园

1. 阅读程序写结果

```
height = {
" 小千 ":"1.65",
" 小锋 ":"1.67",
" 小教 ":"1.70",
}
height[" 小育 "] = "1.72"
height[" 小千 "] = "1.75"
del height[" 小锋 "]
print(height)
```

输出：__________________________

2. 编写程序

删除本课小千所列书单中的四大名著，并添加《聊斋志异》（作者：蒲松龄）在书单中。

第 45 课 运动员的号码布

每课一问？

如果把表格中的数据，以姓名为键，号码为值，一一对应保存在字典中，那么能否通过值来查找键呢？

又是一年一度的秋季运动会，在比赛开始前，每个运动员都会得到两块号码布，号码布上有 4 个醒目的数字，这 4 个数字是代表运动员身份的号码，运动员需要将这两块号码布一前一后贴在前胸和后背处。当比赛结束后，裁判会先记录各个号码的成绩，再根据号码找出对应运动员的名字。小千班级一共有 6 个人参与了这次运动会，下面是他们的名字和对应的号码。

姓名	号码
小千	2010
小锋	2011
小教	2012
小育	2013
小码	2014
小乐	2015

扫码看视频

明确目标 编写一个程序，根据字典中的值来查找相对应的键。

Python 中并没有提供根据键查找值的语句，如果能把字典中的键和值互相调换一下位置，让原来的键变成值，值变成键，就可以轻松地完成查询了。

编程实现

```
1  name_id = {
2      "小千": "2010",
3      "小锋": "2011",
4      "小教": "2012",
5      "小育": "2013",
6      "小码": "2014",
7      "小乐": "2015"}
8  id_name = {}                           # 创建一个空的字典
9  for name,id in name_id.items():        # 利用循环将原字典中所有的键和值取出
10     id_name[id] = name                 # 交换名字和号码，组成新的字典
11 print(id_name)
12 print("2010对应的运动员是：",id_name["2010"])
13
```

运行结果

```
{‘2010’:‘小千’,‘2011’:‘小锋’,‘2012’:‘小教’,‘2013’:‘小育’,
‘2014’:‘小码’,‘2015’:‘小乐’}
2010 对应的运动员是： 小千
```

万能图书馆

答疑解惑

items() 函数是字典常用的一种方法，它可以使用字典中的元素创建一个以（键、值）为一组的元组对象。

```
dict={"name":" 小千 ","age":"14","sex":" 男 "}
dict.items()
print(dict.items())
```

输出结果：

```
dict_items([('name',' 小千 '),('age','14'),('sex',' 男 ')])
```

知识充能

keys() 也是字典常用的一种方法，它可以使用字典的键值创建一个列表对象，示例如下：

```
dict={"name":" 小千 ","age":"14","sex":" 男 "}
dict.keys()
print(dict.keys())
```

输出结果：

```
dict_keys(['name','age','sex'])
```

1. 阅读程序写结果

```
plan = {
    " 周一 ":" 跑步 ",
    " 周二 ":" 篮球 ",
    " 周三 ":" 读书 "
}
for a,b in plan.items():
    print(a,b)
```

输出：______________________________

2. 思考题

如何单独输出字典中的键和值？

x+y

8 事半功倍的函数

小千来考你们一个成语：形容一个人做事情效率很高，只用了一半的力气，而收到了成倍的功效，这个成语是什么呢？很多人都会脱口而出——事半功倍。一个成语，虽然只有四个字，却能形象地代表几十个字的意思，在编程中，和成语有类似功能的被称为“函数”。

第 46 课

趣味分数求和

每课一问

你能帮助小千找出这个分数数列的前 20 项，并求出它们的和吗？

扫码看视频

分数通常被用来代表整体的一部分，小千被一道奇怪的分数求和题难住了。这个题目要求求出一个分数数列前 20 项的和，可是题目并没有将这个分数数列的前 20 项都写出来，只写了前 5 项：2/1，3/2，5/3，8/5，13/8，这让小千感到一头雾水。

问题研究所

明确目标 编写一个程序，找出这个分数数列产生每一项的规律，列出这个数列的前 20 项，并求出这 20 项的和。

这种形式的数列都是按照特定的规律产生下一项的，设两个变量 a 和 b 分别表示分数的分子和分母。通过观察可以发现，新产生的分数的分母是上一项的分子，分子则是上一项分母和分子的和。

当用户从键盘输入分数数列的总项数时，将其赋值给变量 n。然后建立分数列表，并根据分析出的分数每一项产生的规律依次将产生的分数添加到列表中。每产生一个新的分数将其与前一项的分数求和并赋值给 s。最后以分数的形式形成加法算式，输出运算结果。这样就完成了分数数列的求和运算。

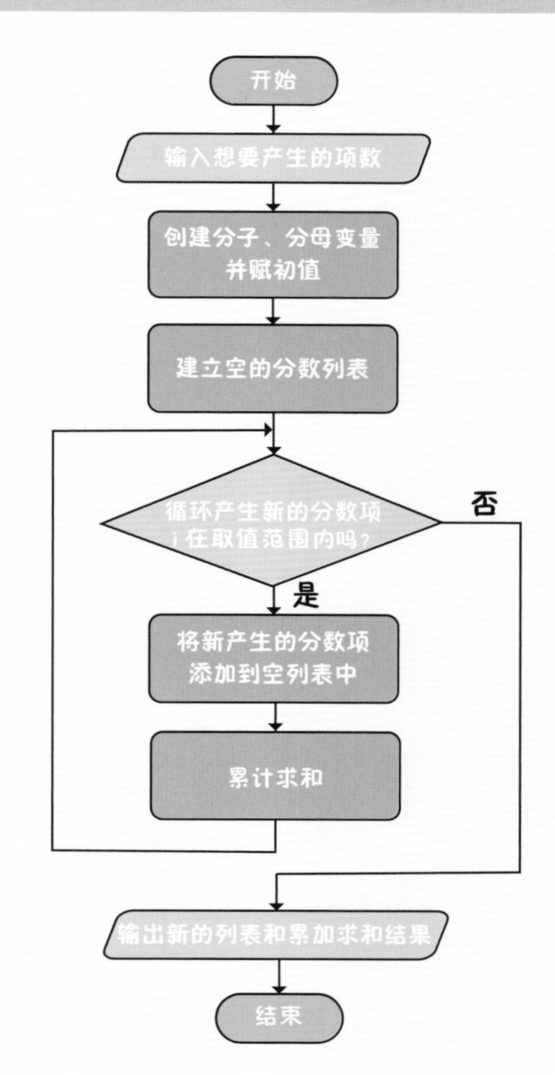

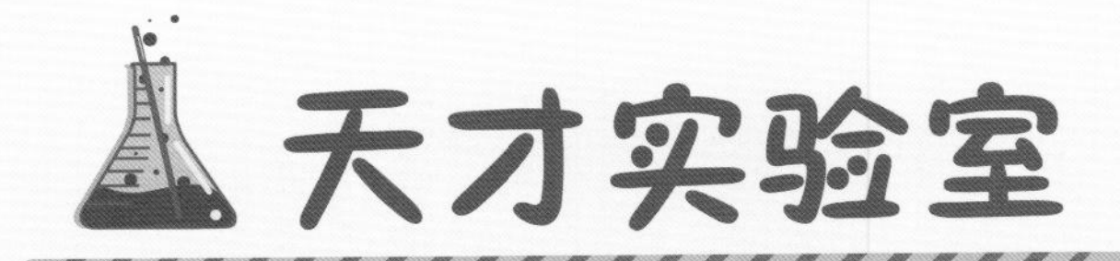

编程实现

```
1  n = int(input("请输入项数："))
2  fenzi = 2
3  fenmu = 1
4  I = []
5  s = 0
6
7  for i in range(1,n+1):
8      a = fenzi
9      b = fenmu
10     s += (a/b)
11
12     I.append("%s/%s"%(a,b))
13     fenzi = a + b
14     fenmu = a
15
16 print("+".join(str(i)for i in I),end="")
17 print("=%.2f"%s)
18
```

- 第4行：创建一个空列表，用来接收新产生的分数项
- 第10行：累加求和
- 第13行：产生新的分子
- 第14行：产生新的分母
- 第16行：按照分数相加的形式形成算式
- 第17行：结果保留两位小数

运行结果

请输入项数：20
2/1+3/2+5/3+8/5+13/8+21/13+34/21+55/34+89/55+144/89+233/144+377/233+610/377+987/610+1597/987+2584/1597+4181/2584+6765/4181+10946/6765+17711/10946=32.66

万能图书馆

答疑解惑

在编程中，有许多实现特定功能的代码都是会反复用到的，比如输入和输出。如果让用户每次使用这些代码都要自己编写，则效率低还容易出错。因此，Python 将这些代码封装成内置函数，供用户直接调用。

join() 函数的作用是连接字符串数组，将字符串、元组、列表中的元素以指定的字符(分隔符)连接生成一个新的字符串。例如 print("-".join("hello")) 的输出结果为：h-e-l-l-o。

知识充能

下面是常用的内置函数。

函数名	说明
int()	将字符串或数字转换为整数
round()	将数值四舍五入
max()	找出最大值
min()	找出最小值
float()	将整数或字符串转换为浮点数

函数名	说明
str()	将对象转换为字符串类型
chr()	将ASCII数值转换为单个字符
len()	返回对象的长度

1. 收集 Python 内置函数

你知道的 Python 内置函数还有哪些？可以通过查找资料或者上网搜索等方式搜集 Python 内置函数并记录下来。

2. 编写程序

水仙花数是一个特殊的三位数，特殊之处是三位数的百位数、十位数、个位数的三次方之和等于这个数本身，例如 $153 = 1^3+5^3+3^3$。你能编写一个程序判断一个数是否是水仙花数吗？

第 47 课

3D 立体打印技术

每课一问？

小千编写了一个程序，可以实现在屏幕上打印出由“★”组成的等腰三角形的功能。小千想打印多个这种图形，你有什么简便的方法吗？

扫码看视频

3D 打印技术出现在 20 世纪 90 年代中期，是快速成型技术的一种。日常生活中使用的普通打印机可以打印计算机设计的平面物品，比如我们可以将一个杯子的照片打印在纸上，而 3D 打印机却能运用材料将照片上的杯子真实地“打印”出来。我们需要某种东西，只需准备好材料和蓝图，通过 3D 打印机就能快速地制造出来。

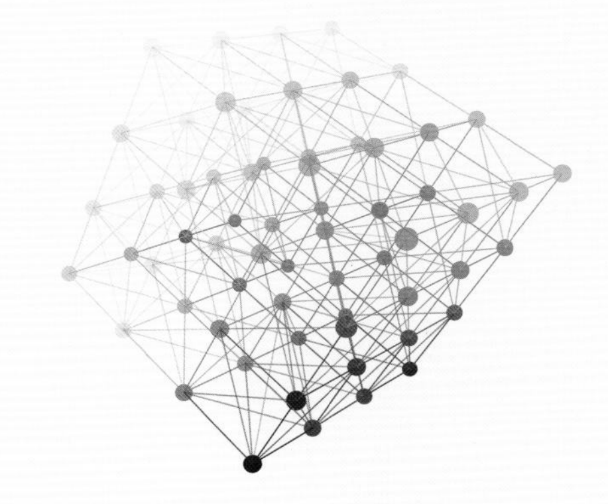

明确目标 编写一个程序，只需调用小千的程序，就能实现这个程序的功能。

看到调用这个词语，我们很自然地会想到以前应用的各种函数。同样地，如果可以把小千的程序变成一个函数，那么只要我们想用的时候，简单地调用就可以实现这个函数的功能了。

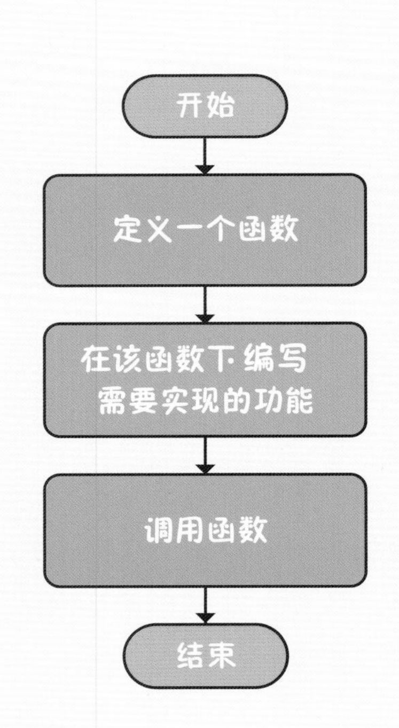

编程实现

```
1  def a():                               定义一个函数并取名
2      for i in range(4):
3          for j in range(4 - i):
4              print(" ",end = "")        函数功能的实现
5          for k in range(i + 1):
6              print("★",end = "")
7          print()
8  a()
9  a()                                    多次调用，形成多个图形
10 a()
```

运行结果

```
   ★
  ★★
 ★★★
★★★★
   ★
  ★★
 ★★★
★★★★
   ★
  ★★
 ★★★
★★★★
```

万能图书馆

答疑解惑

定义函数以 def 关键字开头，空格后接着定义函数的名称和参数。函数的参数放在圆括号内，可以有变量，也可以没有变量，然后是“冒号”。函数内容又称为“函数体”，在“冒号”结束后的下一行定义，并且有缩进。函数的返回值：return[返回值内容] 用于结束函数，返回一个值，表示程序执行的结果。函数不带 return 默认返回 None，返回值可以是任何类型的数据，也可以是一个表达式。

def 函数名 (参数):

函数体

return 返回值

本课定义的是无参数函数，函数名后的括号中没有任何内容，但在调用函数的时候，这一对括号不能省略，否则会在运行时报错。

知识充能

在 Python 中，函数的参数分为形式参数和实际参数。在定义函数时，圆括号中的所有参数都是形式参数，也称为形参，如下方示例代码中的 n；在调用函数的时候，圆括号中的参数称为实际参数，也称为实参，如下方示例代码中调用函数时括号中的 3。在调用函数过程中，实参会把自己的数值传递给形参，然后执行函数体。

编程实现

```
1 def a(n):
2     for number in range(n):
3         for i in range(4):
4             for j in range(4 - i):
5                 print("  ", end="")
6             for k in range(i + 1):
7                 print("★", end="")
8             print()
9 a(3)
```

自定义函数时，如果指定了多个形式参数，则在调用函数时就需要传入多个实际参数，且顺序必须和形式参数一致。例如，可以将上述示例程序进行如下更改：

编程实现

```
1 def a(n,m):
2     for number in range(n,m):
3         for i in range(4):
4             for j in range(4 -i):
5                 print(" ",end="")
6             for k in range(i +1):
7                 print("★",end="")
8             print()
9 a(0,3)
10
```

创新科技园

1. 程序改错

下列程序中有 3 处错误，找到并改正。

```
def rect_circle(a,b)
c = (a+b)*2
print(c)
```

改正：________________________

2. 编写程序

更改本节示例程序函数的函数体，实现调用函数后输出的是用“★”组成的倒等腰三角形。

第48课 不一样的比大小

每课一问

你能编写一个函数帮助小千和小锋完成这个比大小的难题吗？

扫码看视频

小千课间去找小锋玩，却发现小锋正对着一道题目愁眉不展。这道题目是：2^{30} 和 3^{20} 到底哪个大哪个小？小千开始认为，只要通过计算得出两边数字的大小，就可以轻松进行比较了，当小锋给小千看了自己那写满数字的演算纸时，小千才明白这个方法既麻烦又容易出错，一时小千也不知道该怎么办了。

明确目标 编写函数，计算 x^n。

x^n 即 n 个 x 相乘。定义一个可以用循环控制 n 个 x 相乘的函数，其中 n 表示循环的次数；定义一个变量 s 用来表示相乘的结果，考虑到 x 和 n 都是未知的，只传入一个参数显然不行，因此在定义函数的时候要将参数变成两个。

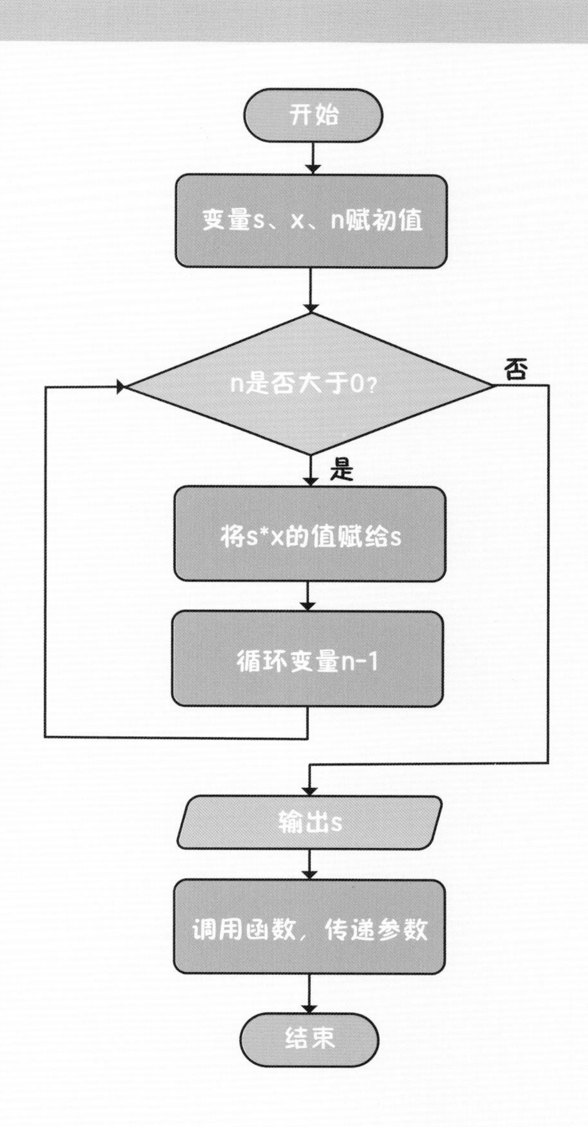

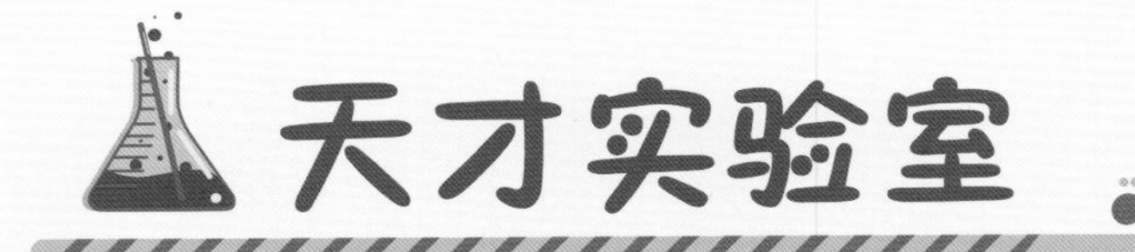

编程实现

```
1  def ncf(x,n=2):
2      s = 1
3      while n > 0:
4          n = n -1
5          s = s * x
6      print(s)
7  ncf(2)
8  ncf(2,30)
9  ncf(3,20)
10
```

第一个参数是形式参数，第二个参数是默认参数

使用默认参数的默认值，传参时可以忽略

调用函数求2的30次方的值

调用函数求3的20次方的值

运行结果

```
4
1073741824
3486784401
```

万能图书馆

答疑解惑

在 Python 中，如果函数定义时参数列表中的某个形参有值，则称这个参数为默认参数。默认参数必须放在非默认参数的右侧，否则函数将出错。

函数在调用时，如果使用默认参数的值，可以省略；如果不用参数的默认值，就需要在调用的时候说明。例如 nfc(2,30) 和 nfc(3,20) 分别计算的是 2^{30} 和 3^{20}。

知识充能

通过对形参赋值来传递参数，这样的参数被称为关键参数，关键参数函数调用时允许传递实参的顺序与定义函数的形参顺序不一致。例如 nfc(n=20,x=3) 和 nfc(3,20) 都表示计算 3^{20}。

1. 阅读程序写结果

```
def a(n1,n2,n3=8):
    n=n1+n2-n3
    print(n,n1,n2,n3)
a(3,2,1)
a(n3=5,n1=2,n2=3)
a(2,5)
```

输出：____________________________

2. 知识整理

函数的参数名称和用法虽然不难，但特别容易混淆，请整理学习到的参数的名称和具体用法，分清和掌握函数的参数。

第 49 课

意料之中的相遇

小千和小锋两人每隔不同的天数都要去雷锋馆做义工，小千 3 天去一次，小锋 4 天去一次。有一天早上，小千早早就到了，吃早饭的人还不多，不用排队，于是小千帮小锋也买了一份早餐。小锋到了以后发现小千已经帮自己买好了早餐，十分惊讶，小千是怎么确定今天他们两个必定相遇的呢?

扫码看视频

问题研究所

明确目标 编写一个程序，求出小千和小锋下次相遇最小的天数。

这是一个求最小公倍数的问题，将键盘输入的任意两个正整数赋值给两个变量，取两个变量的较大值，并以较大值作为“被除数”，依次被两个变量整除，判断两个余数是否同时为零。如果余数同时为零，则此数为两个变量的最小公倍数，否则“被除数”递增，直到两个余数同时为零。

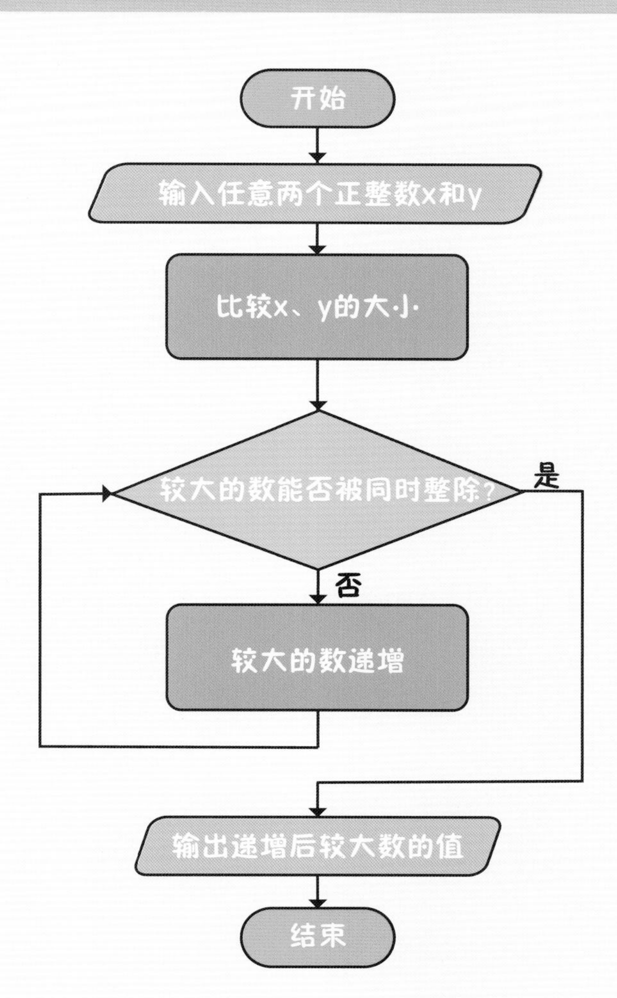

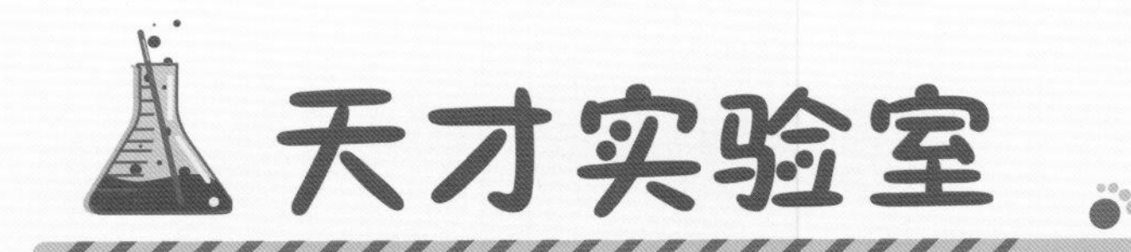

编程实现

```
1  def lcm(x,y):
2      if x > y:
3          greater = x
4      else:
5          greater = y
6      while(True):
7          if ((greater % x == 0) and (greater % y == 0)):
8              lcm = greater
9              break
10         greater += 1
11     return lcm
12
13 x = int(input("请输入第一个数字："))
14 y = int(input("请输入第二个数字："))
15 print(x,"和",y,"的最小公倍数为",lcm(x,y))
16
```

获取较大的那个数（第2~5行）

判断较大的数能否同时被x、y整除（第7行）

返回最小公倍数，用于其他地方（第11行）

运行结果

请输入第一个数字：3
请输入第二个数字：4
3 和 4 的最小公倍数为 12

万能图书馆

答疑解惑

在示例程序中，函数体中没有输出语句，如果直接调用函数，是不会输出任何结果的。

当 return 语句用在自定义函数中时，可以表示返回一个表达式的计算结果，这个结果可以被用在其他地方，例如在示例程序中，返回的 lcm 的值通过第 15 行代码的 print() 函数输出在屏幕上。

知识充能

return 语句用于结束函数并返回一个值，表示程序执行的结果。它与 print() 函数的区别在于，print() 函数仅仅是将括号中的内容打印在屏幕上，而 return 返回的结果可以作为一个数据用在其他地方。

1. 阅读程序写结果

```
def a(x):
print(x)
return x+1
num1=a(3)
num2=num1+a(2)
print(num1)
print(num2)
```

输出：________________________

2. 知识整理

定义一个函数，求两个数的最大公约数，并返回求得的最大公约数的值。

9

身怀绝技的模块

在生活中总会遇见许多我们自己无法解决的问题，这个时候自然而然就会想到去可以解决这些问题的地方寻求帮助。比如你生病了，需要去医院寻求帮助；车坏了，需要去修理厂寻求帮助；贵重物品丢了，需要去派出所寻求帮助。在编程中，开发者将函数按功能的相关性分类存放在不同的文件里，这样的文件被称为模块，它们就像我们生活中那些可以帮助我们的特定场所一样，帮助我们解决编程中的一些特定问题。

第 50 课 高考倒计时

2020 年是特殊的一年，全国人民众志成城抗击疫情，学生无法正常到学校学习，许多老师和家长担心高考不能正常地进行。2020 年 3 月 31 日，经党中央、国务院同意，2020 年高考将延期一个月进行，考试时间定为 2020 年 7 月 7 日至 8 日。高三学生在高考前都会在黑板上写上高考倒计时，来激励自己学习。陈华是一名即将参加 2020 年高考的高三学生，他所在的学校通知高三返校时间为 2020 年 4 月 10 日，这天老师要求陈华根据高考时间在黑板上写上新的高考倒计时。为防止计算错误，陈华想用编程来精确计算距离高考还剩的时间。

扫码看视频

问题研究所

明确目标 编写程序，计算出 2020 年 4 月 10 日距离 2020 年 7 月 7 日的时间，分别用天、小时、分钟和秒表示。

在 Python 中，time 模块用于获取和处理时间。导入 time 模块，运用 time 模块中的函数，不需要进行复杂的计算，就可以获得我们需要的时间数据。

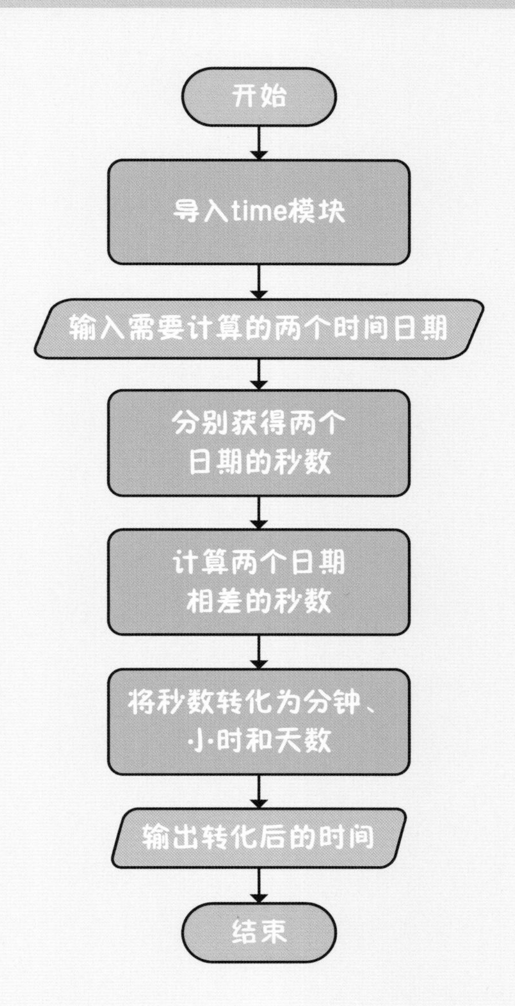

编程实现

```
1  import time
2  a = input("请输入今天的日期，如（20200101）：")
3  b = input("请输入高考的日期，如（20200101）：")
4  x = time.mktime(time.strptime(a, "%Y%m%d"))
5  y = time.mktime(time.strptime(b, "%Y%m%d"))
6  c = y - x
7  print(c)
8  m = c / 60
9  h = m / 60
10 d = h / 24
11 print("距离2020年高考还有\n", int(c), "秒\n", int(m),
12       "分钟\n", int(h), "小时\n",int(d), "天")
13
```

导入time模块

计算日期a的秒数

计算日期b的秒数

时间单位转换

运行结果

请输入今天的日期，如（20200101）：20200410
请输入高考的日期，如（20200101）：20200707
7603200.0
距离 2020 年高考还有
 7603200 秒
 126720 分钟
 2112 小时
 88 天

万能图书馆

答疑解惑

第 1 行代码使用“import 模块名”的方式导入 time 模块，随后使用该模块的函数时需要在函数名之前加上模块名。例如第 4 行和第 5 行的 time.mktime()，time 是模块名，mktime 是函数名。

time() 函数用于获取当前时间的时间戳，例如 time.time() 表示的是自 1970 年 1 月 1 日 0 时 0 分 0 秒至当前时间的秒数。

strptime() 函数的作用是，根据指定的格式，把一个时间字符串解析为时间元组，其语法格式为 strptime(string,format)，参数 string 代表字符串，参数 format 表示时间格式字符串。在 Python 中，时间的格式有很多种，在第 4 行和第 5 行代码中，“%Y%m%d”中的 %Y 表示 4 位数的年份，%m 表示月份，%d 表示第几天，strptime(a,"%Y%m%d") 表示把输入的日期按照 %Y%m%d 的格式解析为时间元组。

mktime() 函数用于将时间元组转换为时间戳，其语法格式为 mktime(t)，参数 t 表示时间元组。

知识充能

时间戳是指从格林尼治时间 1970 年 01 月 01 日 00 时 00 分 00 秒（北京时间 1970 年 01 月 01 日 08 时 00 分 00 秒）起至现在的总秒数。

1. 收集 time 模块中的常用函数

本节课讲解了 time 模块中的几个函数，你知道还有哪些 time 模块中常用的函数吗？可以通过查找资料或者上网搜索等方式搜集并记录下来。

2. 编写程序

运用时间模块编写程序，计算自己出生到现在经历了多少年、多少天、多少小时、多少分钟、多少秒。

第 51 课

掷骰子

班级每周五下午都会进行一次大扫除，小千和小锋是一组，这次他们的任务是擦玻璃和打扫厕所，小千和小锋都不愿意去打扫厕所，于是就决定玩一个掷骰子的游戏来决定，输的人去打扫厕所。游戏规则为：小千和小锋分别掷一个骰子，每个骰子点数为 1 到 6，如果第一次点数和为 7 或者 11，则小千胜；如果点数和为 2、3 或 12，则小锋胜；如果和为其他数，则记录第一次点数和，两人继续掷骰子，直至点数和等于第一次掷出的点数和，则小千胜；如果在这之前掷出了点数和为 7，则小锋胜。

扫码看视频

明确目标 编写一个程序，根据掷骰子的游戏规则模拟小千和小锋玩这个游戏的过程。

掷骰子游戏，因为骰子出现的点数是随机的，所以需要产生随机数，然后根据游戏规则以点数和为判断条件决定游戏的输赢。

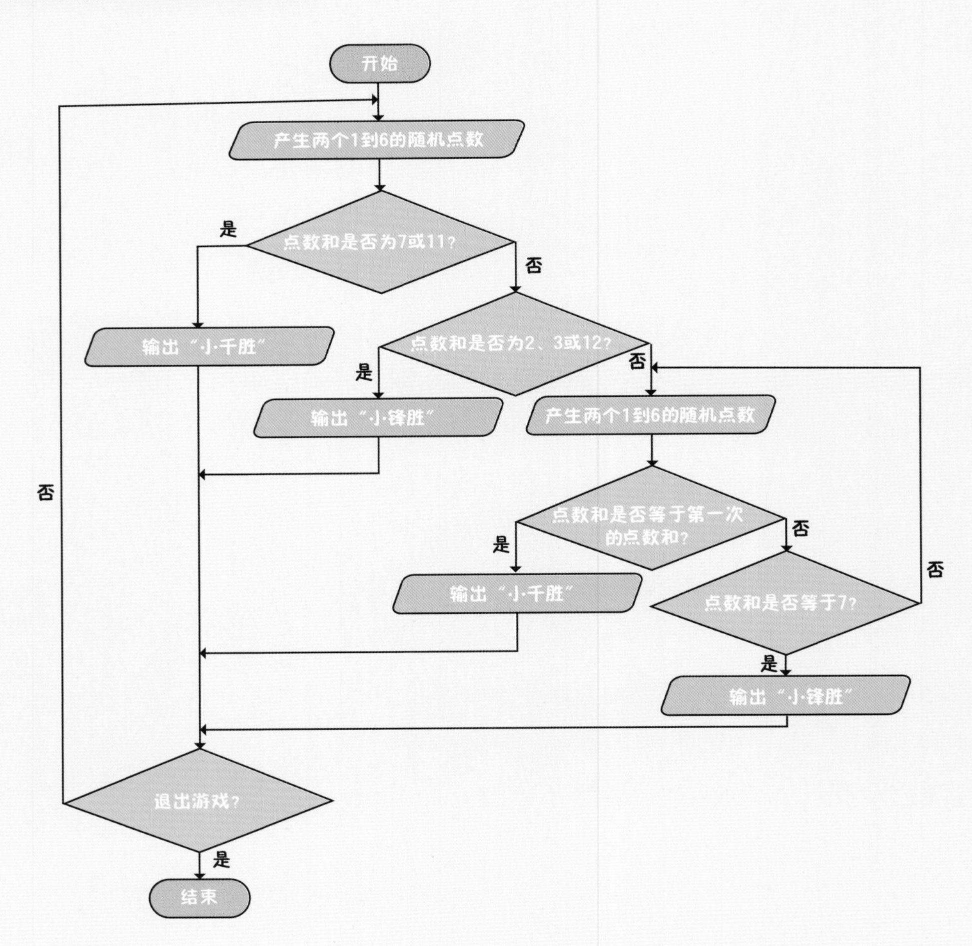

编程实现

```
import random
import time
while True:
    flag = "N"
    while True:
        print("按回车键掷骰子：")
        roll = input()
        xiaoqian = random.randint(1, 7)
        print("小千的第一个骰子点数" + str(xiaoqian))
        xiaofeng = random.randint(1, 7)
        print("小锋的第一个骰子点数" + str(xiaofeng))
        time.sleep(1)
        print("两次骰子总数" + str(xiaoqian + xiaofeng))
        if (flag == "N" and ((xiaoqian + xiaofeng == 7) or
                             (xiaoqian + xiaofeng == 11))) or\
                (flag == "Y" and player == xiaoqian + xiaofeng):
            print("小千胜利！")
            break
        else:
            if (flag == "N" and ((xiaoqian + xiaofeng == 2) or
                                 (xiaoqian + xiaofeng == 3) or
                                 (xiaoqian + xiaofeng == 12))) or \
                    (flag == "Y" and xiaoqian + xiaofeng == 7):
                print("小锋胜利！")
                break
            else:
                if flag == "N":
                    player = xiaoqian + xiaofeng
                    print(player)
                    flag = "Y"
                    pass
    print("是否退出？Y/N")
    cont = input()
    if cont == "Y" or cont == "y":
        exit()
    elif cont == "N" or cont == "n":
        pass
    else:
        print("请正确输入按键！")

```

- 导入random模块（第1~2行）
- 光标定位在空行（第7行）
- 小千赢的条件（第13~18行）
- 未定输赢，继续投掷（第27~30行）
- 控制游戏继续或者退出（第33~39行）

运行结果

```
按回车键掷骰子:

小千的第一个骰子点数 5
小锋的第一个骰子点数 1
两次骰子总数 6
6
按回车键掷骰子:

小千的第一个骰子点数 2
小锋的第一个骰子点数 4
两次骰子总数 6
小千胜利!
是否退出? Y/N
N
按回车键掷骰子:

小千的第一个骰子点数 6
小锋的第一个骰子点数 6
两次骰子总数 12
小锋胜利!
是否退出? Y/N
Y
```

答疑解惑

random 模块用于生成随机数，下面给出其中常用的函数。

函数名	说明
random()	返回一个0和1之间的随机浮点数n（0≤n<1）
uniform()	返回一个指定范围内的随机浮点数n（a≤n≤b或b≤n≤a）
randint()	返回一个指定范围内的整数n（a≤n≤b）
choice(sequence)	从序列中获取一个随机元素
shuffle(x[,random])	用于将一个列表中的元素打乱
sample(sequence,k)	从执行序列中随机获取指定长度k的片段，原有序列不会被修改

知识充能

示例代码中的第 12 行代码 time.sleep(1) 表示延时显示 1 秒。

exit() 函数常用于终止 Python 程序。

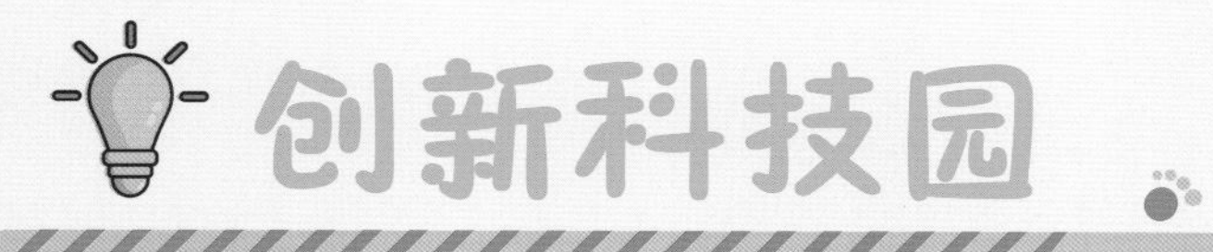

1. 阅读程序写结果

```
import random
print(random.random())
print(random.randint(0,5))
print(random.uniform(5,3))
```

输出：________________

____

____

2. 编写程序

利用 random 模块编写一个猜数字的小游戏，让计算机生成 0 和 100 之间的随机整数，玩家输入数字猜测随机数字的大小，计算机会根据玩家输入的数字大小进行提示，如“大了”或者“小了”，直到玩家猜中数字的大小为止。

第 52 课 数学常量的获取

每课一问

Python 中是否有可以直接使用数学常量的方法呢?

扫码看视频

小千在 Python 中进行数学运算的时候经常会用到一些数学常量，如自然数 e、圆周率 π 等，可是这些常量无法直接使用，只能取它们的近似值。但是对于一些精确的计算来说，一点点的误差就可能导致结果相差很多，那么遇到这种情况该如何去使用这些数学常量的准确值呢?

明确目标 导入 math 模块，使用数学常量圆周率 π 计算圆的周长和面积。

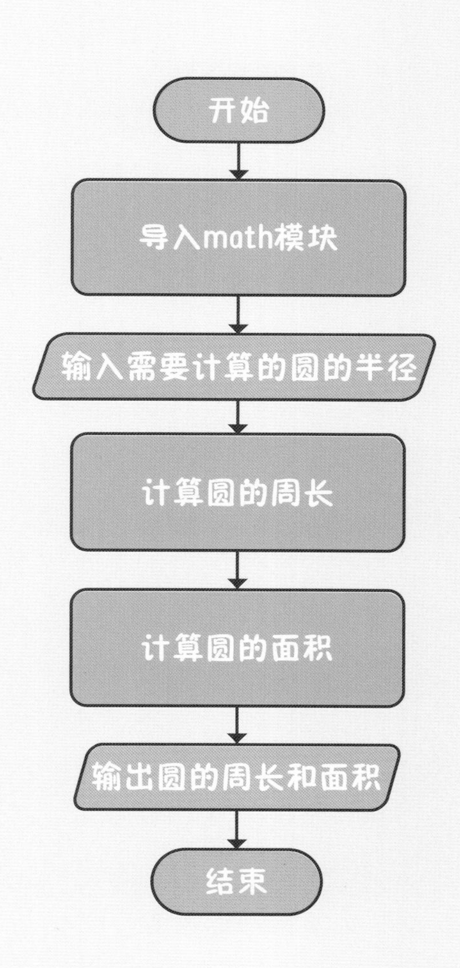

模块除了包含函数，还可以包含常量。Python 中的 math 模块提供了许多数学运算函数和常量等内容，方便我们在程序中解决一些数学问题，在 math 模块中 π 用 pi 来表示。

编程实现

```
1  import math
2  r = float(input("请输入圆的半径: "))
3  c = 2 * math.pi * r
4  s = math.pi * math.pow(r,2)
5  print("圆的周长为: ", round(c,2))
6  print("圆的面积为: ", round(s,2))
7
```

导入math模块

计算圆的周长和面积

输出结果并保留两位小数

运行结果

```
请输入圆的半径：2
圆的周长为： 12.57
圆的面积为： 12.57
```

万能图书馆

答疑解惑

math 模块中的 pow() 函数用于返回某个值的几次方，语法格式为 pow(x,y)，含义是计算 x 的 y 次方。

知识充能

示例代码的输出结果保留了两位小数，运用了 round() 函数，其语法格式为 round(x,n)，其中 x 表示需要处理的数字，n 表示要保留 n 位小数。

Python 中 cmath 模块的函数与 math 模块的函数基本一致，不同的是，cmath 模块用于复数的运算，而 math 模块用于平时的数学运算。

1. 收集 math 模块中的常用函数

math 模块中有许多我们可以用得到的函数，方便我们解决一些数学问题，可以通过查找资料或者上网搜索等方式搜集并记录下来。

2. 阅读程序写结果

```
import math
a=math.sin(math.radians(90))
print(a)
```

输出：______________________

第 53 课

闪闪的红星

每课一问？

小千看完电影后，想用程序绘制一颗红色的五角星来代表影片中闪闪的红星，你能帮助他实现吗？

临近国庆节，班级组织了一场观影活动，观看的电影为《闪闪的红星》，该片讲述了在 1930 年至 1939 年艰难困苦的环境中成长起来的少年英雄潘冬子的故事，闪闪的红星象征了革命和希望。影片结束后，同学们都被潘冬子那不畏艰险、机智勇敢的精神所感动，知道了现在美好生活的来之不易。

扫码看视频

明确目标 利用程序绘制出一颗红色的实心五角星。

要绘制带颜色的图形，需要用到 Python 中关于画图的模块。trutle 模块俗称海龟绘图模块，它是 Python 的内置模块，用于在计算机屏幕上画图。绘制五角星，首先要清楚五角星的特点，五角星的一个角是 36°，相邻的外角是 144°，相当于一个线条从左到右画完后，顺时针向右转 144° 画下一个线条，重复的过程可以直接用循环语句，最后判断画笔是否再次经过原点，经过原点将跳出循环，五角星即绘制完成，结束程序。

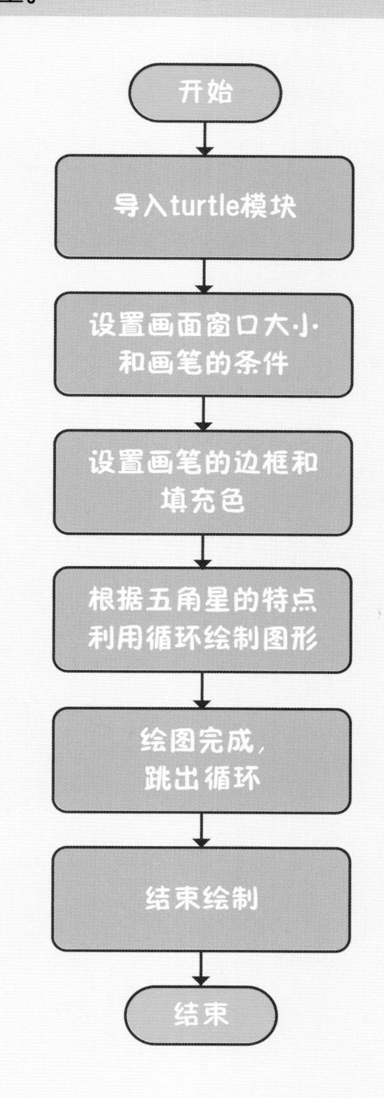

编程实现

```
1  from turtle import *
2  setup(450,450)
3  pensize(3)
4  speed(1)
5  color("red")
6  begin_fill()
7  while True:
8      forward(100)
9      right(144)
10     if abs(pos()) <1:
11         break
12 end_fill()
13
```

导入turtle模块

设置窗口大小和画笔的条件

绘画开始

根据五角星的特点利用循环进行绘制

绘画结束

运行结果

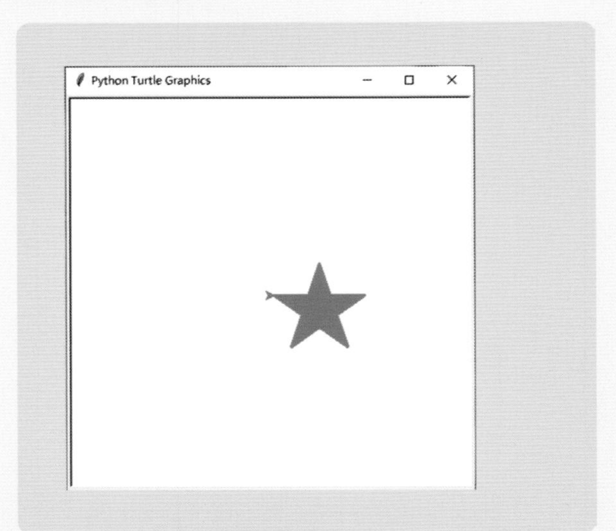

万能图书馆

答疑解惑

turtle 模块的函数主要分为画笔移动函数、画笔控制函数、全局控制函数 3 类。

画笔移动函数	说明
forward(n)	向画笔当前方向移动n像素的距离
backward(n)	向画笔当前方向的相反方向移动n像素的距离
left(n)	让画笔逆时针旋转n°
right(n)	让画笔顺时针旋转n°
pendown()	落下画笔，移动时绘制图形
penup()	抬起画笔，移动时不绘制图形
speed(s)	设置画笔的移动速度，s为0和10之间的整数
goto(x,y)	将画笔移动到坐标为（x,y）的距离
circle(r,n)	绘制半径为r、弧度为n的圆弧。半径r为正值表示圆心在画笔的左边，半径r为负值表示圆心在画笔的右边，若省略n则绘制一个整圆

画笔控制函数	说明
pensize(n)	设置画笔的粗细
pencolor(color)	设置画笔的颜色
fillcolor(color)	设置图形的填充颜色
color(color1,color2)	同时设置画笔的颜色和图形的填充颜色，其中color1为画笔颜色，color2为填充颜色
begin_fill()	准备开始填充图形
end_fill()	填充完成
hideturtle()	隐藏画笔
showturtle()	显示画笔

全局控制函数	说明
clear()	清空画布，不改变画笔的位置和状态
reset()	重置画布，让画笔回到初始状态
undo()	撤消上一个画笔动作
stamp()	复制当前图形
write(a [, font = ("font-name", font-size,"font-type")])	在画布上写出文本：a为文本内容；font为可选的字体参数，包括字体名称、大小和类型

知识充能

pos() 函数是获得画笔的当前坐标 (x,y)，abs(pos()) 是获得机器小海龟当前距离原点的直线距离，可根据勾股定理计算。当 abs(pos())<1 时就意味着画笔回到了原点。

模块的导入有两种方式：用 import 导入和用 from…import 导入，不同的是，使用 import 导入的模块，在调用模块中的函数时，需要加上模块的限定名字；使用 from…import 调用模块中的函数时，不用加模块的限定名字。此外，因为绘制图形要使用的函数比较多，所以这里用通配符“*”代替函数名，写成了“from 模块名 import *”，表示导入模块中的所有函数。

1. 阅读程序写结果

```
import turtle
for i in range(3):
    turtle.forward(60)
    turtle.right(360/3)
```

输出的图形为：________________

2. 编写程序

利用 turtle 模块，实现输入需要绘制多边形的边数就能绘制出相应边数的正多边形的功能。